"十四五"职业教育系列教材

装饰工程材料与施工

第二版

主　编　兰海明
副主编　邹小辉　刘彬辉
参　编　欧阳婷　黄思悦　袁　琳
　　　　舒伟伟　刘焕梅　温晓明
主　审　康　啸

中国电力出版社
CHINA ELECTRIC POWER PRESS

内容提要

本书立足家装，以施工顺序为脉络，着重介绍装饰施工中常见的材料及其施工工艺。本着“必需够用”的原则，本书分为九个项目，包括装饰施工安全事项、室内水电安装施工、地面装饰施工、墙面装饰施工、门窗装饰施工、天棚装饰施工、油漆涂料装饰施工和其他装饰施工，以及装饰工程施工流程。

本书结构简练，内容新颖，贴近现场，便于教学。

本书主要作为高职高专院校环境艺术设计、建筑室内设计、建筑装饰工程技术、工程造价等专业教材，同时也可作为装饰工程企业设计、管理人员的培训教材。

图书在版编目（CIP）数据

装饰工程材料与施工 / 兰海明主编 . — 2 版 . — 北京：中国电力出版社，2023.1
“十四五”职业教育系列教材
ISBN 978-7-5198-6376-0

Ⅰ . ①装…　Ⅱ . ①兰…　Ⅲ . ①建筑材料 – 装饰材料 – 职业教育 – 教材②建筑装饰 – 工程施工 – 职业教育 – 教材　Ⅳ . ① TU56 ② TU767

中国版本图书馆 CIP 数据核字（2021）第 266865 号

出版发行：中国电力出版社
地　　址：北京市东城区北京站西街 19 号（邮政编码 100005）
网　　址：http：//www.cepp.sgcc.com.cn
责任编辑：熊荣华（010-63412543　124372496@qq.com）
责任校对：黄　蓓　朱丽芳
装帧设计：赵丽媛
责任印制：吴　迪

印　　刷：北京九天鸿程印刷有限责任公司
版　　次：2014 年 12 月第一版　　2023 年 1 月第二版
印　　次：2023 年 1 月北京第六次印刷
开　　本：787 毫米 ×1092 毫米　16 开本
印　　张：8
字　　数：238 千字
定　　价：60.00 元

前　言

本教材具有以下几方面的特点：

（1）教材所选内容遵循“必需够用”的原则。选择装饰工程施工现场基本的、常见的施工项目及其材料为内容，不求全面但求实用。大致按照装修施工流程分为九个项目，每个项目包含若干常见的小项目。

（2）教材采用任务驱动型的结构构架。每个项目列出具体任务，分析完成任务的步骤，并对每一步骤进行阐述和介绍，直至实现教与学两方面完成预定任务。任务分为两大类，绝大多数为模拟操作实训，少部分为撰写实地观察报告的形式。

（3）教材适合“教、学、做一体化”情景教学模式。每个任务目标明确，图文并茂，步骤清晰，教师做必要的讲解和示范后，可引导学生在校内实训室进行模拟施工实训，也可在校外实训基地组织参观施工工地来完成教学。

（4）教材符合高职院校“提质培优”项目建设要求。编写的形式和内容与“提质培优”工作的要求相一致，注重学生的工匠精神、思维能力、协作能力、解决问题能力的培养，有助于“课堂革命典型案例”等项目的开发和建设。

（5）典型的校企合作教材。本书由校企双元合作编写，更符合装饰行业职业岗位的需要。编写人员有江西工业工程职业技术学院教授兰海明，江西萍乡大智室内设计工程有限公司设计总监邹小辉（中央电视台《交换空间》设计师，中国室内装饰协会高级设计师），江西品创建筑设计咨询有限公司设计总监刘彬辉（中国室内装饰协会高级设计师），华浔品味装饰设计工程有限公司设计师温晓明（中国室内装饰协会中级设计师），江西工业工程职业技术学院欧阳婷、黄思悦、袁琳、刘焕梅、舒伟伟等室内设计专业教师。

本书在编写过程中得到了有关装饰公司的大力帮助，并借鉴了相关装饰工程技术人员的现场第一手资料，在此一并表示感谢！

限于编者水平，加之编写时间仓促，书中不当之处恳望读者批评指正。

编　者

2023年6月

目 录

前言

项目一 装饰施工安全事项…………………… 1
任务一 住宅装修的结构安全………………… 1
任务二 装修施工的消防安全………………… 6
任务三 装修机具的操作安全………………11

项目二 室内水电安装施工………………23
任务一 室内管道敷设…………………………23
任务二 室内线路敷设…………………………29
任务三 洁具安装………………………………36

项目三 地面装饰施工………………………43
任务一 地板砖铺贴……………………………43
任务二 仿实木地板安装………………………47
任务三 花岗岩楼梯踏步铺贴…………………51

项目四 墙面装饰施工………………………57
任务一 背景墙瓷砖粘贴………………………57
任务二 墙纸裱糊………………………………69

项目五 门窗装饰施工………………………75
任务一 铝合金推拉窗制作安装………………75
任务二 塑钢门制作安装………………………84
任务三 移动门制作安装………………………86

项目六 天棚装饰施工………………………89
任务一 纸面石膏板吊顶………………………89
任务二 铝方板吊顶……………………………92
任务三 格栅吊顶………………………………94

项目七 油漆涂料装饰施工…………………97
任务一 内墙腻子和乳胶漆施工………………97
任务二 木器漆施工…………………………… 101

项目八 其他装饰施工……………………… 105
任务一 橱柜安装……………………………… 105
任务二 装饰栏杆制作………………………… 109
任务三 成品保护……………………………… 111

项目九 装饰工程施工流程………………… 116

参考文献…………………………………… 119

项目一　装饰施工安全事项

知识点：

房屋结构知识和装饰工程施工中有关结构安全的事项；装饰材料的防火等级和装修现场防火安全知识；装修机具的操作规程和注意事项

技能点：

任务一　住宅装修的结构安全

任务二　装修施工的消防安全

任务三　装修机具的操作安全

任务一　住宅装修的结构安全

房屋装修顾名思义就是给房子的各部位表面进行装饰，这就好比给人体穿衣裳一样。房屋就是人体，装修就是衣裳。服装设计师只能量体裁衣，不可能量衣裁体。所以，了解人体结构及其基本尺寸，是服装设计师的必备知识。同样，了解住宅的结构情况，也是室内设计师的必备知识。因为，装修现场经常遇到需要对现有户型的某些部位如墙体和门窗洞口进行改动，以扩大某空间或是改善某种使用功能。房屋装修时哪些墙不能乱打乱敲，哪些墙可以改动，这不仅仅是单纯的设计问题，更是关系到居家安全和社会和谐的重大问题。

任务导入：

根据房屋结构知识，认真勘察你所在装饰工程实训室或普通教室的结构情况，画出平面图和立面图，按规范标注出墙厚、梁与柱的位置及外形尺寸、承重墙和非承重墙，并说出原由。高校教室类似如图 1–1 所示。

任务分析：

要想明确某房屋的结构情况，一要了解房屋结构的种类、承重墙与非承重墙的知识，二要掌握装修中有关结构安全事项，并对装饰施工实训室或教室进行现场勘察并绘制出反映结构情况的图纸。

图 1–1　某高校教室示意

任务实施：

步骤一　房屋结构简介

一、房屋结构的分类

房屋是由基础、梁、板、柱、墙和屋面板等组成的。它们构成支撑房屋的骨架，承受各种外力和载荷，称为房屋的结构。这些承受各种外力和载荷的构件称为承重构件，反之，不承受各种外力和载荷的构件称为非承重构件，如门窗、栏杆、台阶、散水、勒脚和仅起围合作用的墙体就是非承重构件。

房屋结构的组成方式有很多种，装饰工程中常见的有以下几种：

1. 砖混结构

砖混结构是指房屋中竖向承重的墙、柱等结构采用砖或者砌块砌筑，横向承重的梁、楼板、屋面板等采用钢筋混凝土结构。具体来说，砖混结构是以小部分钢筋混凝土及大部分砖墙承重的混合结构。它适合开间和进深较小、房间面积也较小的住宅类建筑。从结构力学角度考虑，砖混结构适合于七层以下的多层或低层的建筑，如图 1–2 所示。

由于砖混结构的墙体大多数都是承重构件，一旦受损就会危及房屋的安全，故而其抗震性能较差，如图 1–3 所示。

图 1–2 某砖混结构的居民楼

图 1–3 某砖混结构房屋震后状况

需要提醒的是，对于砖混结构的房屋，装修施工中绝大多数的墙体都是承重墙，不能改动，唯独非承重墙即通常所说的 120 mm 墙或隔墙可以改动。

在砖混结构的建筑中，区分承重墙和非承重墙的一个简单方法是看墙体厚度，240 mm 厚度的墙体一般都是承重的，而 120 mm 或者更薄的墙体是非承重的。

2. 框架结构

与砖混结构房屋的承重结构是楼板和墙体不同，框架结构房屋的承重结构是钢筋混凝土现浇的梁、板和柱三种构件，它们共同连接成一个整体，构成房屋的骨架，如图 1–4 所示。

图 1–4 某框架结构的在建教学楼

就牢固性而言，框架结构的牢固性要大于砖混结构。所以砖混结构在做建筑设计时，楼高不能超过 7 层，而框架结构可以做到几十层。但在实际建设过程中，国家规定了建筑物要达到的抗震等级，无论是砖混还是框架，都要达到这个等级。

框架结构房屋的墙体大多数都是在梁板柱形成后根据需要再砌成的，这些墙体不论是用什么材料做的，都只是起分割空间和围合的作用。如图 1–5 所示。

图 1–5 某框架结构的在建实验楼

因此，对于框架结构的房屋，装修施工中绝大多数的墙体都是非承重墙，可以开洞甚至拆除，唯独楼梯墙因其可能是承重构件而不能改动。

3. 钢结构

钢结构是由各种型钢和钢板通过焊接、螺栓连接或铆接而制成的工程结构。图 1–6 所示为国家体育中心即“鸟巢”的钢结构局部情况。

由于钢材具有强度高、自重轻、整体刚性好、变形能力强的特点，所以，钢结构适用于建造大跨度和超高层、高耸式的建筑物。如三栋都位于上海浦东新区黄浦江畔陆家嘴金融贸易区的标志性建筑，高420.5m的金茂大厦、高492m的上海环球金融中心和高632m的上海中心大厦，如图1–7所示。

图1–6 鸟巢钢结构连接示意

图1–7 上海的标志性建筑

二、承重墙和非承重墙

在装修过程之中，墙是重要的构件，有些墙可以拆，但有些墙千万不能动。很多人都想把室内空间改大一些，为此大多都选择了拆墙这个办法，比如把厨房的隔墙拆掉，做成开放式厨房。其实，这种想法和行为暗藏了很多风险。涉及住宅装修中结构安全的主要是对墙体的改造，因此，特别要把握的是：承重墙不能拆，非承重墙可以拆。

承重墙是指在砌体结构中支撑上部楼层重量的墙体。承重墙是经过科学计算的，如果随意在承重墙上开洞甚至拆除，就会影响建筑结构的稳定性，改变建筑结构的受力体系，这是非常危险的事情。所以，非专业设计人员最好不要改变承重墙。一般来说，砖混结构中的240 mm厚度的墙都是这种墙，这种墙不能拆除，不能在上面挖大面积的洞口，也不能用柱替代。

非承重墙是指隔离或围合空间的墙，不支撑上部楼层重量的墙体。具体来说这种墙只起到将一个房间和另一个房间隔开的作用，它们基本上都是在承重结构完成以后再做的砌体，故拆除这些墙体或在其上挖洞等都是安全的。

所以，装修设计和施工人员一定要明白哪些是承重墙不能拆，哪些墙体是非承重墙可以拆，否则会影响到整座楼房的结构安全。图1–8是某住宅小区四楼一户人家装修时随意将承重墙开出一大门洞，墙体内起拉结作用的钢筋都暴露在外，该栋楼共五层，全为砖混结构，这样做是很危险的。诸如此类的现象在全国各地比比皆是，装修设计和施工中应该避免这种伤筋动骨的野蛮行为。

步骤二 家居装修中结构安全事项

这里主要就家居装修中常见的结构安全事项进行提醒。

（1）不能拆阳台窗所在墙。在装修过程中，原房屋的结构和整体布局不能随意改动。有些人为增加室内的空间、拓展视野或增加采光，将阳台的窗下墙拆掉，这是绝对不安全的，如图1–9所示。

阳台、圈梁和窗所在墙是一个整体，窗所在墙压着阳台板的一侧，它起一个向下承重的作用；同时，阳台的窗所在墙和其纵向墙合为一个整体，对纵向墙起着拉结作用。所以，挑阳台的窗所在墙绝对不能拆除。

图 1–8　危险的拆墙开门洞

图 1–9　砖混结构的阳台窗下墙不能拆

（2）减少阳台的负担。很多业主为增加阳台的利用率，在阳台上大做文章，如将阳台前沿向外伸展出去做搭板或安装箱笼存放杂物，在阳台栏板上装花架、安装空调主机、安装封闭式窗户，将阳台地面用石材或瓷砖与室内地面铺平成同一标高，将阳台改成书房放置书架等，这样不但影响楼房的外观，而且会大大增加阳台的荷载，造成安全隐患。

凹阳台或半凸半凹阳台荷载能力相对好一些，最值得警惕的是全凸式阳台即通常所说的挑阳台，其整个重量全在两根悬臂梁上，悬臂梁与墙体形成的剪力是经过计算的，装修时阳台的荷载不是我们想加多少就能加多少。比如，在其上安装空调主机，除主机本身的重量之外，主机日夜运转所产生的振动，会对阳台造成持续的破坏，是相当危险的。所以，如图 1–10 所示维持阳台原有的装修设计是最好的选择。

图 1–10　维持原有装修的阳台

（3）地面装修不要太厚。在装修地面时不要将地面做得太厚，地面的装修做得越厚则楼板承受的荷载越大。据测算，一般现浇楼板的荷载是 200kg/m^2，铺地板砖或花岗岩，若水泥砂浆黏结层的厚度为 20 mm，每平方米在楼板上增加的重量大约在 25~30kg。

在楼板上铺木地板，木地板重量基本可以忽略不计。但是，铺木地板需做木龙骨时，如果要在楼板上打孔，应注意打孔的数量和深度，尽可能减轻对楼板的损坏。建议选择无须木龙骨的浮搁式木地板，如图 1–11 所示。

图 1–11　铺防潮垫层和复合木地板

（4）要注意保护墙体。家居装修中做门套、造型背景墙、壁柜、木护墙板、垭口等，在安装木龙骨和底板前要钻眼安装木楔，使用最多的机具是电锤，电锤的震动势必造成洞口边沿的墙体不同程度的松动，加上水电安装在墙上开槽打孔，都会降低承重墙的承重能力，从而破坏了房屋结构的安全性，如图 1–12 和图 1–13 所示。

图 1–12 安装门套对墙体的损坏

图 1–13 做进门鞋柜对墙体的损坏

改门即在墙面上开凿新的门洞，这种做法较为普遍，常见的处理方法是，在新开的门洞上方架设一道钢筋混凝土的“横梁”，以分担来自门洞上方的压力，避免墙面上方的压力直接压到门框上。但是，如果被开新门洞所在的墙体是全眠砌墙则可能可行，若不是全眠砌墙如一斗一眠墙或全斗墙，问题就很严重。一般来说，普通商品住宅楼的一、二、三层是全眠砌墙，四楼开始为非全眠砌墙。原因有二，一是建筑设计时考虑到减轻房屋自重的需要，二是开发商为降低成本的需要。

利用墙体制作大型壁柜也很普遍，殊不知对于砖混结构的房屋来说也是危及结构安全的事，即使采取了补救承重措施，也会降低房屋结构的稳定性，装修设计和施工时不能太随意，如图 1–14 所示。

图 1–14 做大壁柜对墙体的损坏

（5）梁要得到保护。在砖混结构的房屋中，通常看到的位于楼板底部和墙体中的梁，不论是过梁还是圈梁，都是承重构件，装修施工时千万不要伤及它。

在砖混结构的房屋中设置圈梁比较普遍，主要是为了抗震的需要，将结构上和墙体中的构造柱拉结在一起以增强房屋的整体刚度，还可以防止由于地基的不均匀沉降或较大的振动荷载对房屋造成的不利影响。一般来说，民用建筑的房屋的圈梁按楼层设置，每层一道或隔层一道圈梁，通常设置在门窗顶部标高位置，这也节省了门窗上部过梁的设置。

家居装修时可能伤及梁的装饰项目主要是敷设管线和吊顶。不要过多地在梁的底部和两侧钻洞打眼，更不能为了顶棚空间的需要而削去梁的一部分。但是，现实装修中破坏梁体的情况时有发生，如图 1–15 所示。

图 1–15 敷设管线对梁体的损坏

和住宅大多是砖混结构不同，公共建筑大多是框架结构，装修时牢记一点，即在敷设管线和吊顶时都不要破坏梁体，无论是主梁、次梁还是圈梁。

总之，家居装修中结构安全关系到住户自己和左右邻居的安全。为此，业主在墙体改造之前，必须把装饰施工图纸递交到物业公司，得到物业的批准后才能施工。一般情况下，楼房在建筑工程竣工时，原建筑设计单位会留给物业公司一套图纸，包括建筑施工图、结构施工图和水电施工图，图纸上对承重墙、非承重墙等各种墙体的厚度、砌筑方式和材质等都会标明清楚。根据图纸，物业公司便能确定哪些墙可以拆除、哪些墙不能拆除。当然，如果室内设计师在量房阶段就掌握房屋结构情况则更好。

步骤三 勘察教室并绘制结构情况图

（1）量取教室尺寸，画出平面布置图、天棚平面图、四面墙的立面图的初稿。

（2）在相关初稿图纸上用红色绘制承重构件，用黑色绘制非承重构件。

（3）在红黑标识的图纸上标注墙、梁、板、柱的工程信息和尺寸。

任务二 装修施工的消防安全

对家居环境要求越高则装修档次也越高，一般来说，装修档次越高其防火性能越低。在装修的过程中，由于缺乏专业知识，业主往往只考虑美观或豪华，忽略了安全因素，这应该引起装饰设计人员和施工管理人员的高度注意。

装修中与消防安全有关的因素是多方面的，有消防安全意识教育、装修材料选购、电气线路改造、燃气管道改造、作业操作规程等。作为装饰行业从业人员，必须要有强烈的社会责任感和职业道德，选择节能、低碳、环保的装饰材料，尽可能少用燃烧时会产生大量有毒气体的装饰材料。

任务导入：

案例：2010 年 11 月 15 日 14 时许，上海市静安区一幢 28 层高的住宅楼突发大火，造成 53 人死亡的惨剧，引起社会各界的广泛关注。火灾后经公安消防部门查明，该住宅大楼当时正在进行装饰施工，着火点位于 1 号楼 20 层，事故原因系装修工人违规操作，焊接时火花四溅并迅速引燃大量易燃装饰材料所致。火灾现场如图 1–16 和图 1–17 所示。

图 1–16 远看上海某高层住宅火灾

在学习本部分内容的基础上，再通过网络查询相关信息，从装饰施工安全角度写出你对此特大事故的认识。

图 1–17　近看上海某高层住宅火灾

任务分析：

这个案例给我们的警示是，装饰设计和施工人员必须学习《建筑内部装修设计防火规范》，结合实例加深对常用装饰材料防火等级的理解，了解室内装修施工的特点和现状，明确加强装修现场消防安全管理措施，再写出对事故的认识。

任务实施：

步骤一《建筑内部装修设计防火规范》

由中华人民共和国住房和城乡建设部（简称住建部）发布的《建筑内部装修设计防火规范》（GB 50222—2017）对装修设计和施工中消防安全作了明确规定，摘录部分内容如下：

1　总　则

1.0.1 为保障建筑内部装修的消防安全，贯彻“预防为主、防消结合”的消防工作方针，防止和减少建筑物火灾的危害，特制定本规范。

1.0.2 本规范适用于民用建筑和工业厂房的内部装修设计。本规范不适用于古建筑和木结构建筑的内部装修设计。

1.0.3 建筑内部装修设计应妥善处理装修效果和使用安全的矛盾，积极采用不燃性材料和难燃性材料，尽量避免采用在燃烧时产生大量浓烟或有毒气体的材料，做到安全适用，技术先进，经济合理。

1.0.4 本规范规定的建筑内部装修设计，在民用建筑中包括顶棚、墙面、地面、隔断的装修，以及固定家具、窗帘、帷幕、床罩、家具包布、固定饰物等；在工业厂房中包括顶棚、墙面、地面和隔断的装修。

注：（1）隔断系指不到顶的隔断。到顶的固定隔断装修应与墙面规定相同。

（2）柱面的装修应与墙面的规定相同。

（3）兼有空间分隔功能的到顶橱柜应认定为固定家具。

1.0.5 建筑内部装修设计，除执行本规范的规定外，尚应符合现行的有关国家标准、规范的规定。

2　装修材料的分类和分级

2.0.1 装修材料按其使用部位和功能，可划分为顶棚装修材料、墙面装修材料、地面装修材料、隔断装修材料、固定家具、装饰织物、其他装饰材料七类。

注：（1）装饰织物系指窗帘、帷幕、床罩、家具包布等。

（2）其他装饰材料是指楼梯扶手、挂镜线、踢脚板、窗帘盒、暖气罩等。

2.0.2 装修材料按其燃烧性能应划分为四级，并应符合表 1–1 的规定：

表 1–1　装修材料燃烧性能等级

等级	装修材料燃烧性能	工程实例
A	不燃性	图 1–18
B1	难燃性	图 1–19
B2	可燃性	图 1–20
B3	易燃性	图 1–21

2.0.3 装修材料的燃烧性能等级，应按本规范附录 A 的规定，由专业检测机构检测确定。B3 级装修材料可不进行检测。

2.0.4 安装在钢龙骨上燃烧性能达到 B1 级的纸面石膏板、矿棉吸声板，可作为 A 级装修材料使用。

2.0.5 当胶合板表面涂覆一级饰面型防火涂料时，可作为 B1 级装修材料使用。当胶合板用于顶棚和墙面装修并且不内含电器、电线等物体时，宜仅在胶合板外表面涂覆防火涂料；当胶合板用于顶棚和墙面装修并且内含有电器、电线等物体时，胶合板的内、外表面以及相应的木龙骨应涂覆防火涂料，或采用阻燃浸渍处理达到 B1 级。

图 1–18 石材和瓷砖均为不燃性装饰材料

图 1–19 轻钢龙骨和纸面石膏板均为难燃性装饰材料

图 1–20 木地板和木质家具均为可燃性装饰材料

图 1–21 沙发、墙纸和窗帘均为易燃性装饰材料

注：饰面型防火涂料的等级应符合现行国家标准《防火涂料防火性能试验方法及分级标准》的有关规定。

2.0.6 单位重量小于 $300g/m^2$ 的纸质、布质壁纸，当直接粘贴在 A 级基材上时，可作为 B1 级装修材料使用。

2.0.7 施涂于 A 级基材上的无机装饰涂料，可作为 A 级装修材料使用；施涂于 A 级基材上，施涂覆比小于 $1.5\ kg/m^2$ 的有机装饰涂料，可作为 B1 级装修材料使用。涂料施涂于 B1、B2 级基材上时，应将涂料连同基材一起按本规范附录 A 的规定确定其燃烧性能等级。

2.0.8 当采用不同装修材料进行分层装修时，各层装修材料的燃烧性能等级均应符合本规范的规定。复合型装修材料应由专业检测机构进行整体测试并划分其燃烧性能等级。

2.0.9 常用建筑内部装修材料燃烧性能等级划分，可按表 1–2 的举例确定。

表 1–2 常用建筑内部装修材料燃烧性能等级划分举例

材料类别	级别	材料举例
各部位材料	A	花岗石、大理石、水磨石、水泥制品、混凝土制品、石膏板、石灰制品、黏土制品、玻璃、瓷砖、马赛克、钢铁、铝、铜合金等
顶棚材料	B1	纸面石膏板、纤维石膏板、水泥刨花板、矿棉装饰吸声板、玻璃棉装饰吸声板、珍珠岩装饰吸声板、难燃胶合板、难燃中密度纤维板、岩棉装饰板、难燃木材、铝箔复合材料、难燃酚醛胶合板、铝箔玻璃钢复合材料等

续表

材料类别	级别	材料举例
墙面材料	B1	纸面石膏板、纤维石膏板、水泥刨花板、矿棉板、玻璃棉板、珍珠岩板、难燃胶合板、难燃中密度纤维板、防火塑料装饰板、难燃双面刨花板、多彩涂料、难燃墙纸、难燃墙布、难燃仿花岗岩装饰板、氯氧镁水泥装配式墙板、难燃玻璃钢平板、PVC 塑料护墙板、轻质高强复合墙板、阻燃模压木质复合板材、彩色阻燃人造板、难燃玻璃钢等
	B2	各类天然木材、木制人造板、竹材、纸制装饰板、装饰微薄木贴面板、印刷木纹人造板、塑料贴面装饰板、聚酯装饰板、复塑装饰板、塑纤板、胶合板、塑料壁纸、无纺贴墙布、墙布、复合壁纸、天然材料壁纸、人造革等
地面材料	B1	硬 PVC 塑料地板、水泥刨花板、水泥木丝板、氯丁橡胶地板等
	B2	半硬质 PVC 塑料地板、PVC 卷材地板、木地板氯纶地毯等
装饰织物	B1	经阻燃处理的各类难燃织物等
	B2	纯毛装饰布、纯麻装饰布、经阻燃处理的其他织物等
其他装饰材料	B1	聚氯乙烯塑料、酚醛塑料、聚碳酸酯塑料、聚四氟乙烯塑料、三聚氰胺、脲醛塑料、硅树脂塑料装饰型材、经阻燃处理的各类织物等，另见顶棚材料和墙面材料内中的有关材料
	B2	经阻燃处理的聚乙烯、聚丙烯、聚氨酯、聚苯乙烯、玻璃钢、化纤织物、木制品等

3 民用建筑

3.1 一般规定

3.1.1 当顶棚或墙面表面局部采用多孔或泡沫状塑料时，其厚度不应大于 15 mm，且面积不得超过该房间顶棚或墙面积的 10%。

3.1.2 除地下建筑外，无窗房间的内部装修材料的燃烧性能等级，除 A 级外，应在本章规定的基础上提高一级。

3.1.3 图书室、资料室、档案室和存放文物的房间，其顶棚、墙面应采用 A 级装修材料，地面应采用不低于 B1 级的装修材料。

3.1.4 大中型电子计算机房、中央控制室、电话总机房等放置特殊贵重设备的房间，其顶棚和墙面应采用 A 级装修材料，地面及其他装修应采用不低于 B1 级的装修材料。

3.1.5 消防水泵房、排烟机房、固定灭火系统钢瓶间、配电室、变压器室、通风和空调机房等，其内部所有装修均应采用 A 级装修材料。

3.1.6 无自然采光楼梯间、封闭楼梯间、防烟楼梯间及其前室的顶棚、墙面和地面均应采用 A 级装修材料。

3.1.7 建筑物内设有上下层相连通的中庭、走马廊、开敞楼梯、自动扶梯时，其连通部位的顶棚、墙面应采用 A 级装修材料，其他部位应采用不低于 B1 级的装修材料。

3.1.8 防烟分区的挡烟垂壁，其装修材料应采用 A 级装修材料。

3.1.9 建筑内部的变形缝（包括沉降缝、伸缩缝、抗震缝等）两侧的基层应采用 A 级材料，表面装修应采用不低于 B1 级的装修材料。

3.1.10 建筑内部的配电箱不应直接安装在低于 B1 级的装修材料上。

3.1.11 照明灯具的高温部位，当靠近非 A 级装修材料时，应采取隔热、散热等防火保护措施。灯饰所用材料的燃烧性能等级不应低于 B1 级。

3.1.12 公共建筑内部不宜设置采用 B3 级装饰材料制成的壁挂、雕塑、模型、标本，当需要设置时，不应靠近火源或热源。

3.1.13 地上建筑的水平疏散走道和安全出口的门厅，其顶棚装饰材料应采用 A 级装修材料，其他部位应采用不低于 B1 级的装修材料。

3.1.14 建筑内部消火栓的门不应被装饰物遮掩，消火栓门四周的装修材料颜色应与消火栓门的颜色有明显区别。

3.1.15 建筑内部装修不应遮挡消防设施、疏散指示标志及安全出口，并不应妨碍消防设施和疏散走道的正常使用。因特殊要求做改动时，应符合国家有关消防规范和法规的规定。

3.1.15.A 建筑内部装修不应减少安全出口、疏散出口和疏散走道的设计所需的净宽度和数量。

3.1.16 建筑物内的厨房，其顶棚、墙面、地面均应采用A级装修材料。

3.1.17 经常使用明火器具的餐厅、科研实验室，装修材料的燃烧性能等级，除A级外，应在本章规定的基础上提高一级。

3.1.18 当歌舞厅、卡拉OK厅（含具有卡拉OK功能的餐厅）、夜总会、录像厅、放映厅、桑拿浴室（除洗浴部分外）、游艺厅（含电子游艺厅）、网吧等歌舞娱乐放映游艺场所（以下简称歌舞娱乐放映游艺场所）设置在一、二级耐火等级建筑的四层及四层以上时，室内装修的顶棚材料应采用A级装修材料，其他部位应采用不低于B1级的装修材料；当设置在地下一层时，室内装修的顶棚、墙面材料应采用A级装修材料，其他部位应采用不低于B1级的装修材料。

步骤二　装修施工的特点和现状

总体上看，目前装修施工现场存在很多消防隐患，主要包括：

（1）装修工程涉及面广、项目繁多。包括水电、木工、泥工、油漆、金属等诸多施工项目，平行作业较多，情况复杂，有潜在火灾危险。

（2）现场施工和生活临时用火多。在装修施工中，电焊、氩弧焊、金属切割、氧气切割等操作都会产生火源，加之有些施工现场还有临时生活用火设施，若疏于管理，就有可能发生火灾。

（3）施工用电量大，临时用电的缆线纵横交错。装修中大量使用电动工具，如电钻、电刨、电锯、抛光机、电锤、气泵、切割机、修边机、电焊机等，加上临时照明，用电量大，线路错综复杂，若在电线接头、插座以及线路截面与负荷等方面处理不当，极易引起火灾事故。

（4）施工现场内易燃、可燃材料多。装修工程往往需要大量采用易燃、可燃材料，如木龙骨、胶合板、宝丽板、塑料板、刨花板、木工板、麻袋、聚氯乙烯材料、油漆、汽油、香蕉水等，都无专用仓库，堆放混乱，且随用随放，一旦发生火灾，极易蔓延成灾，造成巨大损失。

2009年2月9日21时左右，位于北京市朝阳区东三环京广桥附近中央电视台新址的央视主体大楼北侧的配楼发生特大火灾，起火原因是燃放的高射炮礼花落在央视配楼楼顶外墙表面的钛锌合金板上。钛锌合金板是一种常用的装饰材料，安装在外墙表面，防止墙体受到雨水和太阳热辐射等的损害，既可保护墙体又有美观大方的装饰效果。但是，这种金属材料表面的厚度只有1~2 mm，熔点在400℃左右，一旦遇到高温，很容易熔化；再加上金属材料导热效能强，遇到高温后很快就会使其下面可燃的保温、防水等材料起火。当时肇事者所燃放的礼花属于A类烟花，燃烧时温度很高，可达到2 000~3 000℃。因此，造成央视配楼外墙表面快速燃烧，内部各种易燃、可燃装饰材料在“大楼风道”的作用下愈烧愈烈，火焰瞬间从北配楼顶部蔓延到整个大楼，燃烧近6小时，导致消防队指导员牺牲，另有6名消防员和1名工地工作人员受重伤，如图1–22所示。国务院调查组认定大火造成直接经济损失1.638 3亿元。事故通报称，这次火灾是新中国成立以来建筑物过火燃烧最快的一例。

图1–22　央视大楼火灾现场图

（5）装修施工人员流动性大，消防意识淡薄。装饰公司根据自己的经营管理模式和劳务市场的情况，在装修工程中都是临时招募工人较多，固定工人较少。大多数工人文化水平低，消防意识淡薄，有些工人吃住都在工地，一旦发生险情，疏散都比较困难。

（6）装修施工现场缺乏消防设施。一般情况下装修施工现场均未配备消防设施，也无消防用水源，且疏散通道经常被材料堵塞。如央视配楼火灾，大楼尚在施工过程中，内部的灭火体系未能投入使用，给扑救带来难度。

（7）各地公安消防监督部门普遍存在监管不力的现象。有关部门对装修工地和装修工程的检查大多热衷于罚款处理，受罚后装修工地立马继续开工。尤其是转手承包的工程，受利益驱动，更是疏于消防安全管理，监督检查工作不到位。

（8）装修从业人员无证上岗较普遍。装修工地上都是师傅带徒弟的模式传承技术和手艺，很多地方对装饰行业从业人员的职业资格考核和技术等级评定工作都没跟上去，且不说木工、泥工，就是很多电工、焊工都是无证上岗。现场各工种交叉作业很多，专业的工程管理人员如不加强对施工人员的防火安全教育培训和指挥协调，极易发生火灾事故。

步骤三　加强装修现场消防安全管理措施

装饰工程施工现场中公装和家装虽然在作业面大小、工程量、人员数量、工程复杂程度、施工机具数量、材料品种数量、施工管理难度等方面有很大的不同，但现场消防安全管理所要考虑的因素及其相关措施基本相同。

（1）应在明显处张贴“禁止烟火”警示牌，严禁在工地生火、吸烟。

（2）临时接线应远离易燃装修材料，不得在没有绝缘管道的保护下乱拉电线。

（3）必须在工场内做饭的，一定要在指定的没有火患危险的区域内进行。

（4）必须绝对禁止在室内生火取暖，任何时候都要保持室内通风。

（5）建筑完成时应同步配置室内外消防栓系统，并保证消防给水正常，保证消防车通道畅通。

（6）按照“谁施工、谁负责”的原则，要有专人负责施工现场的消防安全。

（7）装饰公司要加强对职工的消防知识教育，针对不同工种、不同岗位制定不同防范措施，并要逐级签订防火安全责任书，把消防安全落到实处，同每个人的自身经济利益挂钩，奖罚分明。

（8）加强施工队伍管理，提高员工消防技能。单位法定代表人、项目以上经理、工程技术人员必须经公安消防监督部门培训合格后方可上岗。

（9）电工必须持有劳动部门核发的《电工安全操作证》方可上岗，电气线路和电气设备的安装必须符合规范要求，要经常检查电气设备的运行情况，掌握排除一般电气故障的方法，并能使用灭火器材扑救电气火灾。

（10）焊工必须持证上岗，应充分了解焊割工艺的火灾危险性。在熟悉焊割现场情况，彻底清除作业区易燃、可燃物品，落实各项防范措施后，经现场负责人同意，方可从事焊割作业。

（11）油漆工作业现场严禁烟火，不得使用明火加温或在密闭状态下熔解油漆稀料，油漆溶剂应随用随领，剩料要及时加盖，送回储存仓库，不得乱倒剩料。作业场地通风要良好，并注意清除工作场地的油漆沉积物。

（12）木工要在操作各种木工机械前，认证检查电气设备是否完好，并在工作完毕和下班时清理场地，将木屑、刨花堆放到安全地点，并切断电源。在木工作业场地严禁吸烟和动用明火。

（13）严格按照经公安消防监督部门审核同意后的图纸施工，不得随意变更原设计，降低装修材料的耐火等级，对须做防火处理的可燃材料要严格按照相应防火涂料的使用方法，认真处理，不得偷工减料，以免留下火灾隐患。

总之，责任重于泰山，火海无情，人命关天。装饰工程技术人员要时刻牢记自己的岗位职责。

任务三　装修机具的操作安全

装饰工程施工中很多环节都离不开小型装修机具，这些小型机具携带方便、操作简单，是保证装饰工程质量的手段，是提高工效、降低劳动强度的保证。目前在我国市场上销售的装修机具品种繁多，性能各异。从装饰施工安全角度来说，不仅一线操作工人，装饰行业的工程技术人员，包括从事装饰工程的设计、施工管理、预算、质检、安全、材料、监理等各方面的人员，都应了解常用小型装修机具的使用功能和操作注意事项，并管理到位，避免现场出现伤残甚至死亡事故，为百姓平安和社会和谐做好本职工作。

任务导入：

在实训室按照专业教师的指导分组并轮换操作常用小型装修机具。

任务分析：

要学会小型装修机具的操作，首先要了解其功能和操作注意事项，其次是校内实训室要为操作准备好一定的条件，然后在专业教师引导下操作机具。

任务实施：

步骤一　常用小型装修机具的功能和操作注意事项

装修机具的功能是指某种装修机具在装修施工中所起的作用，简单地说就是用途，即这种机具能替代人做什么。装修机具按其动力来源分为两大类，气动工具和电动工具。每种装修机具施工中都必须严格按照操作规程来使用。

1. 气动工具

气动工具也称风动工具，即以空气压力为动力的机具的总称。常用的有喷枪、打钉枪、吹尘枪、风批等。空气压缩机即常说的气泵，其本身是属于电动工具，但因为所有风动工具都依靠它提供气压，所以，也将空气压缩机归于此类。

（1）空气压缩机。

功能：空气压缩机是一种将电动机的机械能转换成气体压力能的装置，能使气体体积缩小，压力增高，具有一定的动能，为喷枪、打钉枪、风批、吹尘枪等气动工具提供动力，如图 1–23 所示。

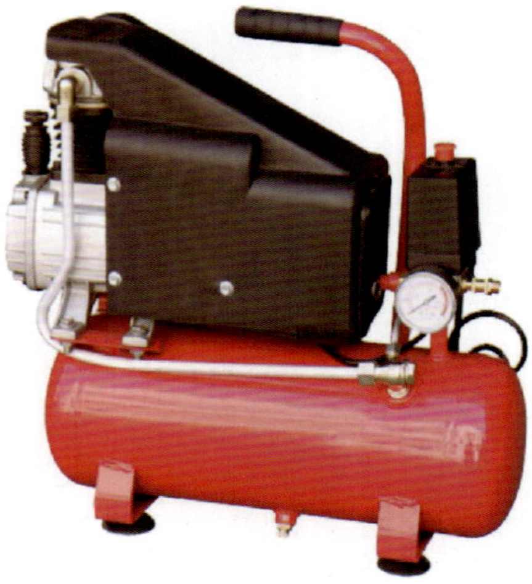

图 1–23　空气压缩机

操作注意事项：

① 挪动空气压缩机时前后左右都尽量不要倾斜，以免机内的润滑油溢出。

② 搬动空气压缩机时应使用滚轮和提手，不准依靠气门装置和罩盖搬动。

③ 气动工具暂时停止工作时应关闭气源阀门，以免意外受伤。

④ 经常注意工作气压指示应保持在 0.8 MPa 处，不要随意调高气压。

⑤ 机体油面应保持在最低与最高油位之间，若油面低于最低油位，应及时补充润滑油。

⑥ 开机前要拧开气罐底部的阀门将冷凝水排出，并适当拧紧排水阀门。

⑦ 收工时关闭机体上的启动开关，将气门装置拉在排气位置，并拔掉电源。

（2）喷枪。

功能：油漆用喷枪是喷漆工艺的关键设备，气压通过喷枪装置将储漆罐里的油漆喷射在物件表面并形成一层漆膜。相对于传统的刷涂工艺，喷涂能以最短的时间完成高质量的油漆作业，如图 1–24 所示。

图 1–24　喷涂油漆用的大小喷枪

操作注意事项：

① 气压的大小要按照使用说明书规定的气压，使用喷枪前要检查气压，绝对不可超过规定的气压，否则后果不堪设想。大多数喷枪的标准喷涂气压为 0.2 MPa。

② 气源必须使用干燥无尘的普通压缩空气，严禁使用氧气和任何易燃气体，以免造成意外伤害。

③ 每次作业结束时一定要将气压管与空气压缩机分开。

④ 当多支喷枪共用一个空气压缩机时，空气压缩

机的容量一定要与之匹配，否则将造成气压不足，影响喷涂效果。

⑤ 喷枪在出厂前都经过涂覆防腐剂处理，因此，在使用前，应用稀释剂彻底冲洗喷枪。

⑥ 喷涂作业时不要戴戒指、项链和手链等首饰，以免发生意外。

⑦ 不可将枪口对着任何人，装油漆时小心勿触动扳机。

⑧ 任何时候都不可抓提连接喷枪的空气皮管，必须使用喷枪的把手。

⑨ 不可任意改变喷枪原有的设计结构和功能组合。

⑩ 要时常清理工作区域并保持清洁，避免由于场地环境不干净而造成人身伤害事故。

（3）打钉枪。

功能：木工装修用的打钉枪是通过气压将气钉快速打入木质构件并将其连接起来的枪形装置。其工作原理是，用手动气阀控制压缩空气，气缸通气时活塞运动并推动连接在活塞上的滑舌，由滑舌击打钉头。适用于钉子小、钉距密、钉量多的木制工艺，和传统手工锤钉相比，具有速度快、钉眼小、不生锈、冲力小、便油漆等优点。视施工情况的不同，常用的打钉枪有三种：码钉枪、直钉枪和蚊钉枪，如图 1–25 ~ 图 1–27 所示。

图 1–25　气动码钉枪

图 1–26　气动直钉枪

图 1–27　气动蚊钉枪

和打钉枪配套使用的气钉出厂时是成排的，故称作气排钉，都经过了防锈处理，钉头较小，其中蚊钉枪的气钉最细，钉眼最不显眼，为后期油漆施工提供了很好的条件。三种枪的气钉形状不同，且都有不同规格的气钉，以直钉枪为例，常用的直钉有 10、15、20、25 mm 和 30 mm 等规格。三种打钉枪的气排钉如图 1–28 所示。

码　钉

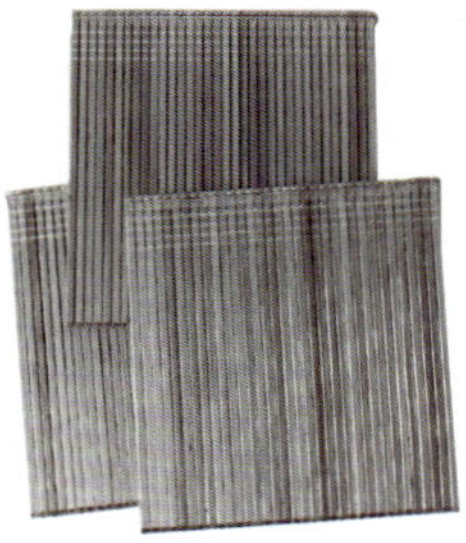

直　钉

蚊　钉

图 1–28　三种打钉枪的气排钉

操作注意事项：

① 打钉枪所需气压为 8 kg/cm^2 就可以，导气胶管长度不宜超过 5 m。

② 禁止枪口对准任何人的身体，以免造成伤害。

③ 要正确使用气钉规格，以免发生卡钉。

④ 装排钉时最好是关闭气源，以免在装排钉时误扣扳机而发生伤人事故。

⑤ 打钉枪停止使用或维修时，务必卸下枪把手下部的空气接头并取出钉匣内没有打完的气钉，以免发生意外。

⑥ 直钉枪的钉匣内有两道槽，上面的槽口为推钉器的滑行轨道，下面才是装排钉的槽口，应将排钉放入最下面的槽口。

⑦ 拉开推钉器将排钉装入钉槽时要注意方向，钉尖向前钉头在后。

⑧ 禁止空击，以免气钉折射反弹造成伤害。

⑨ 打钉时勿用枪口撞击构件，只需将枪口紧贴构件表面再扣动扳机即可。

（4）吹尘枪。

功能：吹尘枪利用空气压缩机的气体并使其加压后喷出高速气流，清除装饰工程构件和装修机具表面的灰尘，在手接触不到或比较狭窄繁杂之处时其除灰尘能力更强、效率更高。比如，油漆施工中每次过完砂纸后的灰尘较多，用吹尘枪能快速且大面积地吹净木材表面的木屑和灰尘，为油漆吹出良好的基层。吹尘枪的喷嘴有长短不同规格，长喷嘴可用于高处或手不可及之深处的除尘，短嘴的吹尘枪如图 1–29 所示。

图 1–29　短嘴吹尘枪

操作注意事项：

① 定期对吹尘枪进行清洁工作，防止大量其他物质积淀在吹尘枪零部件上，保持吹尘枪干净。

② 使用前要检查喷嘴，如有堵塞要及时清除异物，保持喷嘴畅通。

③ 因吹力较大，枪口不能对着人的眼睛。

④ 吹尘时空中灰尘很大，施工人员要佩戴口罩等防护用品，避免长时间吸进灰尘。

⑤ 不能在含有易燃性气体和大量粉尘的环境中使用，以免发生意外。

（5）风批。

功能：利用气能装置产生的旋转动力带动锥头旋转，将十字或一字螺钉打入构件中，快速完成构件之间的连接，降低手工拧螺钉的劳动强度，提高施工效率，如图 1–30 所示。

操作注意事项：

① 先用锥头对准并压紧螺钉头上的十字或一字口，风批与钉头帽的平面呈垂直状后再按动开关。

图 1–30　气动风批

② 在推进螺钉过程中如遇阻力时勿硬顶，以免发生伤人伤机事故。

③ 吊顶安装纸面石膏板时须先手工将石膏螺钉按入板中，使其稳定后再用风批打螺钉。要抓紧风批，提防掉落而砸伤人。

2. 电动工具

电动工具是以电为动力的装修用机具的总称。常用的有电钻、电锤、电刨、修边机、电圆锯、切割机、抛光机、磨光机、曲线锯、焊机、电剪、砂轮机等。

电动工具比较多，功能不同，但有几个操作注意事项是相同的：

① 注意保护好机具上的橡套电缆，移动机具时不能拖拽拉橡套电缆。

② 不宜在空气中含有易燃易爆成分的场所使用。

③ 注意机具的日常维护，清除机具表面的灰尘和污垢，保持干爽洁净，经常在转动部分加润滑油，以维持其工作性能、延长使用寿命。

④ 橡套电缆及插头完好无损，开关正常，保护接零连接正确、牢固可靠。

⑤ 机具上的防护罩齐全、牢固，电气保护装置可靠。

⑥ 作业时加力要保持平衡，不得用力过猛，以免发生意外。

⑦ 要按指定规格使用配套的刀片、钻头等配件，严禁超规格使用。

⑧ 机具运行过程中应注意其声音和温度的变化，发现异常要立即停机检查。

⑨ 作业时不得用手触摸刃具、磨片，发现其有松动、磨钝、破裂情况时应立即停机紧固或更换，然后再继续进行作业。

（1）电钻。

装修施工常用的电钻主要有四种，即大手电钻、小手电钻、冲击钻、台钻，如图 1–31 所示。这四种电钻分别适用于不同的加工对象，所配钻头规格也各不相同。

（a）大手电钻

（b）小手电钻

（c）冲击钻

（d）台式电钻

图 1–31　四种常用电钻

功能：电钻主要是用于在金属、木材、塑料等材质上钻孔。

操作注意事项：

① 四种电钻均为 40% 断续工作制，不得长时间连续使用。

② 由于冲击电钻采用双重绝缘，没有接地（接零）保护，因此应特别注意保护橡套电缆。

③ 电钻作业前应先空转 30s 左右，以检查电机和传动是否灵活、正常，待确认正常运转后才能进行钻孔作业。

④ 冲击电钻兼有电锤和电钻两种功能，当在金属、木材上钻孔时，须将“锤钻调节开关”调到标有钻的位置上，采用普通麻花钻头，如图 1–32 上图所示。此时仅产生纯转动，就像手电钻那样使用。当冲击电钻用于混凝土构件、预制板、瓷面砖、砖墙等建筑构件上钻孔、打洞时，需将“锤钻调节开关”调到标有锤的位置上，采用镶有硬质合金的电锤麻花钻头，如图 1–32 下图所示。此时将产生既旋转又冲击的动作。

图 1–32　电钻钻头和电锤钻头

⑤ 电钻的塑料外壳要保护好，不能碰裂，不能与汽油及其他腐蚀溶剂接触。

⑥ 电钻内的滚珠轴承和减速齿轮的润滑脂应经常保持清洁。

⑦ 使用时应该戴护目镜，以免铁屑飞入眼中。

⑧ 手提式电钻用完后应将橡套电缆盘好，放置在干燥通风的场所保管。

⑨ 孔径在 13 mm 以上时，应使用台式电钻。

（2）电锤。

功能：电锤在装修中常用于由砖石、砂浆或混凝土构成的地面、墙面、梁柱等部位上钻孔、破碎等作业，水电安装、吊顶、门窗套制作、门窗安装、墙柱面镶板类装饰等使用较多，如图 1–33 所示。

图 1–33　电锤

操作注意事项：

① 作业时应垂直用力，勿左右上下摆动，以免发生意外。

② 钻至钢筋等金属物时勿强行开凿，应立即停止

作业，开机慢速退出钻头后另行在其他部位钻孔。

③ 因电锤本身较重加之震动较大，两手应同时分别握持把手，忌单手作业。

④ 为防止打滑，在瓷砖上钻孔时应先做出定位眼，以免发生意外。

（3）电刨。

功能：电刨是由单相串联电动机经传动带驱动刨刀进行刨削作业的手持式电动工具，能进行各种木材的平面刨削、倒棱和裁口等作业，具有生产效率高、刨削表面平整、光滑等特点，如图 1–34 所示。

图 1–34　电刨

操作注意事项：

① 开机前务必检查每一个固定刀片的螺丝是否拧紧、防护罩是否完好。

② 作业前先将刨木材表面的钉子等金属硬物清除干净，以免伤及刀片。

③ 电刨多为串联电机，转速较高，勿长时间连续使用，以免烧坏电动机。

④ 送料时用力均匀，不能过猛，如途中木板被卡住，应停机处理。手推送料时不能直接从刨刀轴上经过。

⑤ 太短的木料须夹固牢靠后方开始操作，以免发生意外。

⑥ 当电机转数及火花发生异常变化，应及时检查排除故障。

⑦ 右手执电刨时其电缆线和插座应在右边，以免刨伤电缆而发生意外。

（4）修边机。

功能：修边机可在木质、塑料等装饰面板上开出所需深度的沟槽，借助直刀也可做穿透式造型切割，还能借助异形刀头在厚板边沿切削出各种边的形状。比如，铝塑板镶贴墙柱面时常用其在铝塑板背面开槽，以便铝塑板折角粘贴，如图 1–35 所示。

图 1–35　修边机

操作注意事项：

① 使用前先检查刀头安装是否牢固，以免高速运转时刀头松动甚至飞出而发生意外。

② 大多数修边机尾部都有拨柄式启动开关，插电源前要先观察该启动开关是否处在 OFF 位置，以免通电后机器突然震动作响，使人受惊而发生意外。

③ 手要正确掌控机身，沿加工件均匀运动，速度不宜太快，应按事先的边线进行操作，以免损坏物件。

④ 实际正式工件上切削之前，最好先在丢弃不用的木料上做一次试切，这样可以确定切削的尺寸，保证切削质量。

⑤ 切削时间过长会引起电机过负荷或难以控制机具，所以在进行沟槽切削加工时一次行程的切削深度应不大于 3 mm。可通过多次行程的加工达到所需的切削深度。

（5）电圆锯。

功能：电圆锯是一种带有弹簧自动安全防护罩、电子控制恒速式电动机的手提式小型电动锯，用于直线切割厚度在 60 mm 以下的各种实木板材和人造板材，如图 1–36 所示。

图 1–36　电圆锯

装修现场常将功率较大的电圆锯反装在工作台下面，并将圆锯片从工作台面的开槽处伸出台面，这样，借助导板可以保证切割平整，尤其是便于批量切割同一尺寸的长型板材，工作效率和质量比手提切割大大提高，如图 1–37 所示。

图 1–37　电圆锯反装在工作台下

操作注意事项：

① 电圆锯在使用时双手握稳电锯，开动手柄上的开关，让其空转至正常速度，再进行切割。

② 操作时应把头偏离锯片径向范围，以免木屑飞溅击伤眼睑或脸部。

③ 切割木料或板材之前，应仔细检查切割线路上是否有钉子，发现钉子应将其拔除，避免损坏锯片或发生危险。

④ 切割至终点时要减缓推进速度，工件切割完成后，应将机具搁置在能让锯片悬空的地方。

⑤ 切割过程中机具底座应贴紧工件，以防锯身上下跳动和左右摆动。

⑥ 反装在工作台下面进行切割时，注意接通电源以前，先确认锯片上没有人和物，应按规定安装电源开关，避免直接插入电源启动机具。

（6）石材切割机。

功能：石材切割机主要是用于楼地面铺贴和墙柱面镶贴工程中切割石材、瓷砖等，如图 1–38 所示。

操作注意事项：

① 作业时要防止杂物、泥尘混入电动机内，并应随时观察机壳温度，当机壳温度过高及产生炭刷火花时，应立即停止作业，检查处理。

图 1–38　石材切割机

② 切割过程中用力应均匀适当，推进刀片时不得用力过猛。当发生刀片卡死时须立即停机，慢慢退出刀片，待重新对正后方可再切割。

③ 石材切割机自身有射水降温装置，如果是手工射水，注意勿将水射到机身上，以免发生意外。

④ 暂时停用时刀片因惯性还在转动，不能直接将机具放在地上，以防伤及刀片或已经铺好的地板，应将机具搁置在能让锯片悬空的地方。

（7）型材切割机。

功能：型材切割机主要是在门窗制作工艺中用于切割铝合金型材、塑钢型材等，木工制作工艺中也经常用其切割木料，其锯片是带齿的合金锯片。不能用型材切割机切割不锈钢和普通钢材。如图 1–39 所示。

图 1–39　型材切割机

操作注意事项：

① 切割前要将机具放平稳，工件太长可拉出两旁的支架进行支托，严禁工件处于不稳定状态时切割，

以免发生意外。

② 防护罩应进退自如，不准在没有防护罩的情况下切割。

③ 短工件切割完毕不准用手去捡，要等刀片停止转动时才捡，也可用短木棍将工件拨离锯片，此时要小心短木棍勿碰及锯片，避免发生意外。

④ 要定期清理锯屑，锯屑袋将满时要及时倒空再操作。

⑤ 压下手柄后不能用力过大，应先将锯片轻轻与工件接触，然后再加力把工件切断，小心切断后的工件斜向掉落时碰及锯片而飞射伤人。

⑥ 发现锯片有明显摆动时要立即停止切割，检查机具并进行维修。

（8）金属切割机。

功能：金属切割机是利用高速旋转的薄片砂轮进行切割，用于切割轻钢龙骨、螺纹吊杆、不锈钢、普通钢材等。在吊顶、水电安装、门窗、楼梯栏杆制作与安装施工中经常使用。其锯片是砂轮锯片，不能用其切割铝型材、塑钢型材和木材等，如图 1-40 所示。

图 1-40　金属切割机

操作注意事项：

① 操作时必须用底板上的夹具夹紧工件，按下手柄使砂轮薄片轻轻接触工件，平稳匀速地进行切割。

② 切割时会有大量火星飞溅，须注意远离木材、油漆等易燃品。

③ 当砂轮锯片磨损到一半时，应更换新锯片。

④ 砂轮锯片常因操作时受力不均或作业过度而出现裂缝，每次开机前必须将锯转动 360° 以上进行仔细察看，发现裂缝要及时更换，避免砂轮碎片飞射伤人。

（9）角向磨光机。

功能：角向磨光机以高速旋转的砂轮片打磨金属类工件并使其平整。由于电机转动轴和工作轴呈垂直角度，故此得名，简称角磨机。装饰工程中不锈钢工程用得较多，常与氩弧焊和电焊工艺配套使用，如图 1-41 所示。

图 1-41　角向磨光机

操作注意事项：

① 使用前应检查砂轮片是否完好，不应有裂痕、裂纹或伤残，安装是否牢固可靠，以免出现意外。

② 开机后须空转 30s 左右待转速稳定后方可磨削。

③ 不允许戴手套操作，严禁围堆操作和在磨削时嬉笑与打闹。

④ 打磨时站立位置应与角磨机成一夹角，且接触压力要均匀，严禁撞击砂轮，以免碎裂而发生意外。

⑤ 不允许在角磨机上磨削较大较长的物体，防止震碎砂轮飞出伤人。

⑥ 不得单手持工件进行磨削，防止脱落在防护罩内卡破砂轮片。

⑦ 砂轮片磨薄磨小或使用磨损严重时，不准再用，应及时更换，以保证安全。

（10）抛光机。

功能：抛光机种类较多，装修中的抛光机主要用于不锈钢和油漆表面的抛光。装修中不锈钢焊接后接口处的焊疤先用角磨机打磨平整，再用砂纸轮细磨后擦上抛光粉，最后用装有抛光垫的抛光机进行高亮度抛光，如图 1-42 所示。

图 1-42　抛光机

操作注意事项：

① 作业时注意手和脚要远离高速旋转的抛光头，不准单手操作，以防意外。

② 操作者不得踩住电源线或将电源线缠入抛光头内。

③ 抛光区域不得超过电源线的长度。

④ 停机时，必须在高速抛光机完全停止旋转后，方可松开手柄。

⑤ 不能使用粘有灰尘、污垢的抛光垫，积垢太多的抛光垫无法清洗干净时，应及时更换。更换、安装抛光垫时，必须切断电源。

（11）曲线锯。

功能：曲线锯能对木材、塑料、金属等各种板材进行曲线切割，尤其是能锯削复杂多变的形状和曲率半径小的几何图形。曲线锯的锯条作直线上下往复运动，其锯条锯齿有粗中细三种，粗齿锯条适用于锯割木材，中齿锯条适用于锯割铝塑板、胶合板，细齿锯条适用于锯割薄钢板。装修施工中，木工制作、铝合金门窗制作、吊顶、广告招牌制作安装等使用曲线锯较多。如图 1-43 所示。

图 1-43　曲线锯

操作注意事项：

① 锯割前应根据加工件的材料，选取合适的锯条。若在锯割薄板时发现工件有反跳现象，表明锯齿太大，应调换细齿锯条。

② 锯割时向前推力不能过猛，要视工件的材质和厚度适当用力，若被卡住应立刻切断电源，退出锯条后再进行锯割。

③ 在锯割时不能将曲线锯任意提起，以防损坏锯条。发现不正常声响、外壳过热、不运转或运转过慢时，应立即停锯，检查修复后再用。

④ 如果在板材锯削孔洞，可先用电钻在板材钻孔，再将曲线锯伸入孔中，锯削出所需形状，但转角半径不宜小于 50 mm。

⑤ 曲线锯使用过程中若发现不正常声响、火花、外壳过热、不运转或运转过慢现象时，应立即停锯，检修好后方可使用。

（12）便携式电焊机。

功能：电焊机和变压器相似，是一个降压变压器，其工作原理是，在次级线圈的两端是被焊接工件和焊条，引燃电弧，在电弧的高温中产生热源将工件的缝隙用焊条熔接。电焊机分为交流和直流两种，装修施工中使用的便携式普通电焊机多为交流的，主要用来对普通钢材进行焊接，如铁艺制作安装、全玻地弹门框制作安装等项目，如图 1-44 所示。

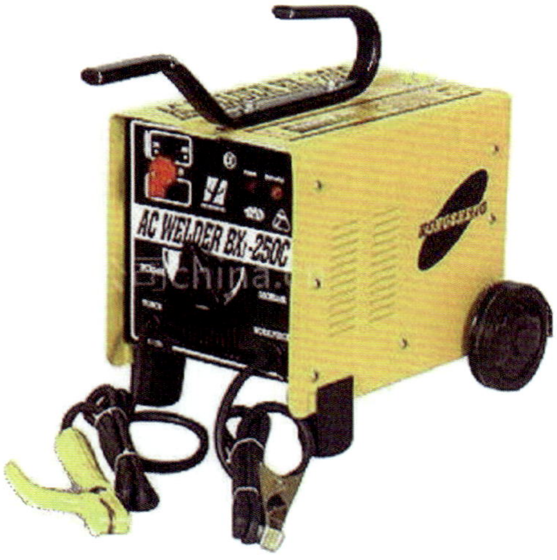

图 1-44　便携式电焊机

操作注意事项：

① 交流电焊机一般是单相的，在使用前要先检

查绕组的额定电压与电源电压是否相符（380V 或 220V），并检查接线端子板上的接线是否正确，如图 1-45 所示。

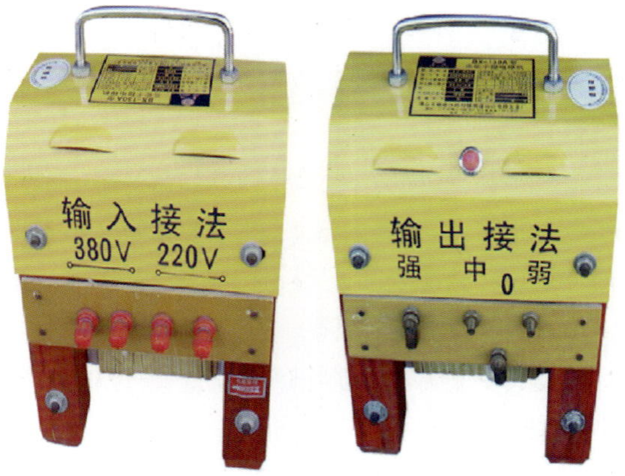

图 1-45 电焊机接线端子板示意

② 如果是第一次投入运行或长期停用的交流电焊机，使用前应该用 500V 的兆欧表测量各绕组对铁心和相互间的绝缘电阻，不应低于 0.5MΩ。

③ 电焊机不能在高湿度（相对湿度超过 90%）、高温度（40℃ 以上）、不通风的场合下工作，要远离易燃、易爆物品。

④ 焊机要放置平稳，切忌剧烈振动和敲击，以免损坏电抗器的性能，使焊机不能正常工作。

⑤ 应保持焊机的清洁与干燥，定期用低压干燥的压缩空气进行清理工作。

⑥ 应避免电焊条与焊接件长时间短路，以防烧毁电焊机。

⑦ 如发生电焊机不起弧、绕组过热、焊接电流不能调节、焊机振动或响声过大等故障时，应及时停机，查找原因，进行检修处理。

（13）便携式氩弧焊机。

功能：氩气是惰性气体，化学性质非常稳定，在氩弧焊时用来保护焊接过程中熔化的金属液，使之不与空气中的氧、氮等物质起化学反应。氩弧焊的起弧采用高压击穿的起弧方式，先在电极针（即钨针）与工件间加以高频高压，击穿氩气，使之导电，然后供给持续的电流，保证电弧稳定，熔化不锈钢焊丝实现焊接。装修工程中的不锈钢焊接都是使用氩弧焊机，如图 1-46 所示。

图 1-46 便携式氩弧焊机

操作注意事项：

① 注意保护气体为氩气，纯度为 99.99%。当电流为 50~150 A 时，氩气流量为 5~10 L / min，当电流为 150~250 A 时，氩气流量为 8~15 L / min。

② 氩气流量的调节和焊接电流的大小、喷嘴的大小、焊接场所风力大小都有关系，应根据实际情况调整到既能保护焊接又能不浪费氩气的状态。

③ 钨极从气体喷嘴伸出长度以 4~5 mm 为宜，在角焊等遮蔽性差的地方是 2~3 mm，在开槽深的地方是 5~6 mm。喷嘴至工件的距离不超过 15 mm。

④ 为避免出现焊接气孔，焊接部位如有铁锈、油污等务必清理干净，做好焊前清洁处理工序。

⑤ 为使氩气很好地保护焊接熔池和便于施焊操作，钨极中心线与焊接处工件的夹角一般应保持 80°~85°。填充焊丝与工件表面夹角应尽可能地小，一般为 10° 左右为宜。

⑥ 有风的地方，必须采取挡风措施，而在室内则应采取适当的换气措施。

⑦ 磨钨针时必须戴口罩、手套，并遵守砂轮机操作规程，最好选用放射量较小的铈钨极，砂轮机必须装抽风装置，避免其放射性。

⑧ 操作者应佩戴静电防尘口罩，氩弧焊连续工作不得超过 6 h。

⑨ 氩气瓶不许撞砸，立放必须有支架，并远离明火 3 m 以上。

⑩ 氩弧焊设备发生故障应停电检修，氩弧焊工不得自行修理。

（14）手提式电剪。

功能：电动剪刀亦称电剪，是剪裁较薄金属、塑料板材的电动工具，它能在板材上剪切出各种曲线形状，和手工裁剪相比，具有切口光滑、工效较高的优点。常用于剪切镀锌铁皮、铝塑板、不锈钢板、塑料板、橡胶板等。电动剪刀的规格以最大剪切厚度表示，装修施工中用得最多的是 1.6 mm 和 2.8 mm 两种规格，如图 1-47 所示。

图 1-47　手提式电剪

操作注意事项：

① 插电源前先确认开关处于“OFF”状态，以免发生意外。

② 检查机具及其电缆线的完好程度，检查电压是否符合额定电压，先空转检验各部分是否灵活。

③ 使用前要调整好上、下刀刃的横向间距，刀刃的间距是根据剪切板的厚度决定的，一般为厚度的 7% 左右。上下刀刃仍有搭接，上刀刃斜面最高点应大于剪切板的厚度。

④ 使用夹钳固定要剪切的工件，这比用手握住工件加工更安全。

⑤ 注意电动剪刀的维护，要经常在往复运动中加注润滑油，如发现上下刀刃磨损或损坏，应及时修磨或更换。工具在使用完后应揩净，放在干燥处。

⑥ 使用过程中，如有异常声响或其他故障，应停机检查，不可勉强使用。

（15）小型台式砂轮机。

功能：装饰工程施工中用砂轮机来磨削各种工件，如将工件打磨成所需尺寸或形状、磨掉工件上的毛刺或锐边等。一般小型台式砂轮机都有左右两个砂轮，都是人造金刚石，左边是棕刚玉用于粗磨，右边是铬刚玉用于细磨。如图 1-48 所示。

操作注意事项：

① 开机前，应用手转动砂轮，检查砂轮有无裂纹、防护罩及各部是否完好。

② 砂轮启动后，应观察运转情况，如砂轮是否有摆动、旋转方向错误等，待转速正常后再进行磨削。

③ 不允许戴手套操作，严禁两人同时使用同一片砂轮和围堆操作。

④ 不允许在砂轮机上磨削较大较长的物体，防止震碎砂轮碎片飞出伤人。

⑤ 不得单手持工件进行磨削，防止脱落在防护罩内卡破砂轮。

⑥ 刃磨时操作者应站在砂轮的侧面或斜侧位置，不要站在砂轮的正面。

⑦ 避免在砂轮侧面进行刃磨，不要对砂轮施加过大的压力，以免刀具打滑伤人，或因发生剧烈撞击引起砂轮碎裂。

⑧ 刃磨时要戴防护眼镜，若砂粒飞入眼中，不能用手去擦，应去医院清除。

⑨ 更换新砂轮时，应切断总电源，不允许用任何物体敲打砂轮，轴端螺母垫片不宜压得过紧，以免压裂砂轮。

⑩ 磨削完毕，应关闭电源，应经常清除防护罩内积尘，并定期检修更换主轴润滑油脂。

图 1-48　台式砂轮机

步骤二　装修机具操作实训的准备

近几年来，各校在办学模式和教学方式上进行了不断探索，都已实现了质的飞跃，落实到装饰施工技术等课程教学条件上，各校都有装饰施工技术实训室，实训室的教学面积和教学用装修机具数量、耗材都达到了相当的规模。装修机具操作实训应做好两个方面的准备：

1. 长期性条件准备

长期性条件不仅是针对装饰施工技术课程，诸如装饰材料、装饰构造、装饰设计、装饰工程预算等课程都可以借助该实训室平台进行相关内容的教学，如图 1–49 所示。

图 1–49 专业教师在装饰施工技术实训室进行教学

（1）专业教师自己应对以上所讲述的装修机具都能做到熟练操作。

（2）装饰施工实训室可以是一间或多间，总使用面积应不小于 1 000 m^2，面积大可有效分组组织教学，并从空间上保证人员安全。

（3）装饰施工实训室水电到位，配备有 220 V 和 380 V 的电源插座，且位置和数量合适，能满足机具操作实训要求。

（4）实训室基本上配置了上述的装修机具，且部分机具的数量在 6 台以上。

（5）常用的装饰材料等耗材品种齐全、数量适当、存放合理。

（6）在装饰施工实训室的墙面等部位，张挂有实训室管理制度、装修项目的施工要领、各种机具的操作规程等。

2. 课前条件准备

可视学生人数和实训室具体条件等灵活安排，保证安全第一。

（1）课前专业教师应做好集中教学和分组操作的计划。

（2）专业教师要对实训室有关机具进行课前检查，尤其是切割类机具，在安全上专业教师一定要做到心中有数才能让学生操作，如图 1–50 所示。

（3）准备好和机具配套的相关装饰材料，在能够满足操作要求的前提下，可先用边角料，以培养学生的施工成本意识和爱护公共财产意识。

步骤三 装修机具操作实训

要完成好装修机具操作实训，关键注意以下几个方面：

（1）将学生或学员分成若干小组，组内分工，明确各自职责，相互协作。

（2）专业教师讲解清晰，示范完整，交底清楚。

（3）对学生重在鼓励和引导，让其按照自己的理解独立完成操作。

（4）做好应急预案，以防教学过程中出现突发事件。

（5）让学生明确机具操作实训的目的在于全方位了解装修工程的制作工艺，为今后从事装饰设计、装饰施工管理和装饰工程预算等职业岗位服务。

（6）装饰施工实训操作重在培养学生的学习主动性、团队协作意识、吃苦耐劳精神、思考问题和解决问题的能力。

图 1–50 学生用反装电圆锯切割板材

项目二　室内水电安装施工

知识点：

室内装修中常用管道、线缆和洁具；室内水电安装的工艺流程；室内水电安装的操作要点

技能点：

任务一　室内管道敷设
任务二　室内线路敷设
任务三　洁具安装

任务一　室内管道敷设

从装修施工过程的特点来看，室内水电安装是最先进场的装修项目，大致可以分为三个部分，即室内管道敷设、室内线路敷设和洁具安装。室内管道敷设主要是给水管道的敷设，PVC 阻燃管的敷设是属于室内线路敷设中的内容，室内管道和线路的终端设备就是各种洁具和开关插座及灯具。所以，管道敷设是室内水电安装的首要任务。如图 2-1 所示。

图 2-1　室内水电管线敷设

室内管道敷设是将各种管道安装在地面、墙柱面、楼板、天棚骨架等部位，并最终与终端相连接的施工过程的总称。这些管道包括水管、燃气管、电线套管。其中的水管主要是指给水管，可分为冷水管和热水管。

任务导入：

在装饰施工技术实训室全过程模拟完成 20 m 左右的给水铝塑管敷设。

任务分析：

先学习室内管道材料的知识，了解铝塑管安装的工艺流程和操作要点，在此基础上，再通过模拟实训完成该项目的指定任务。

任务实施：

步骤一　室内装修常用管道材料

装修中敷设的管道按功能来分主要有水管、燃气管和电线套管三大类；按材质来分主要有镀锌铁管、铜管、不锈钢管、铝塑管、PVC 管和 PP-R 管等。

1. 镀锌铁管

镀锌铁管是一种传统给水管道材料，到 20 世纪 90 年代中期都还非常普遍。但由于镀锌铁管的锈蚀造成水中重金属含量过高，影响人体健康，许多发达国家和地区的政府部门已明令禁止使用镀锌铁管，目前我国也正在逐渐淘汰这种类型的管道，家庭装修中基本上不用这种管道，但在一些地区和部分公共建筑中还有大量使用的情况。镀锌铁管如图 2-2 所示。

图 2-2　镀锌铁给水管

2. 铜管

铜管是一种优质的给水管材，有封塑铜管和纯铜管之分，经久耐用，施工方便，在很多进口卫浴商品中，铜管配件相当多。但是，铜管价格较高，大多数人不会选购，加之铜管在使用过程中会产生铜蚀，会降低水质和卫生标准，致使其使用量不高。铜给水管如图2–3所示。

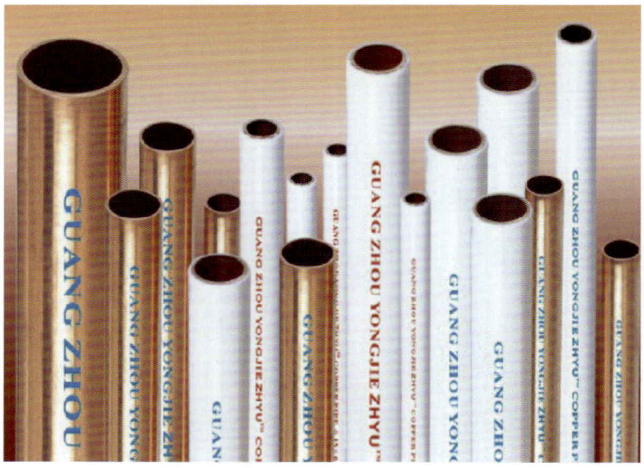

图 2–3 铜给水管

3. 不锈钢管

不锈钢管是一种较为耐用的给水管道，不生锈，卫生标准高，但其材质强度较硬，因缺乏不锈钢生产厂家的专业机器，施工工艺要求比较高，装修现场加工非常困难。而且，不锈钢价格比较高，在装修工程中不论是公装还是家装都很少使用。不锈钢管如图2–4所示。

图 2–4 不锈钢给水管

4. 铝塑管

铝塑复合管简称铝塑管，是目前室内水电安装用得较多的一种管材，尤其是家庭装修基本上使用铝塑管。大多数铝塑管品牌都同时有冷水管、热水管和燃气管三种供用户选购。以日丰管为例，白色的为冷水管，橙红色的为热水管，黄色的为燃气管，如图2–5所示。

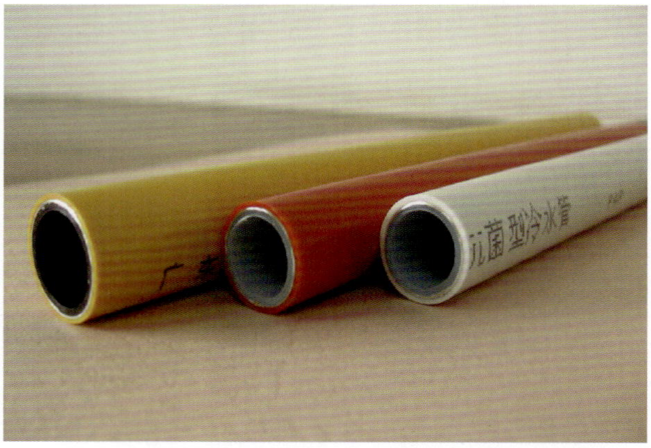

图 2–5 日丰牌铝塑管

铝塑管兼具金属管和塑料管优点，使用寿命为50年，质轻耐用，施工方便，密封性强，卫生标准高，柔韧性良好，在一定范围内可自由弯曲。铝塑管用途很广，可用于室内外冷热水管道、饮用水管道，还可用于采暖系统工程。

每种材质的管道都有配套的管件，管件的作用是实现管道的分支、转弯、控制、加长、变径以及和用水用气终端的连接。铝塑管较强的密封性是依靠其外面封塑层和精密的管件来实现的，如图2–6所示。当然，铝塑管也有其缺点，热水管由于长期的热胀冷缩会造成管壁错位而出现渗漏现象。另外，价格方面铝塑管比纯塑料管如PVC管、PP–R管等要贵，尤其是其铜管件价格更高。

5. PVC 管

聚氯乙烯是一种塑料，其英文缩写即PVC。PVC塑料管是一种现代合成材料管材。由于近年来研究部门发现，PVC中的化学添加剂酞虽可以使管道变得更为柔软，但对人体内肾、肝等很多器官损害很大，会导致癌症、肾损坏，破坏人体功能再造系统，影响发育。另外，由于PVC管的强度远远不能适用于水管的承压要求，所以，一般不用来做给水管，在装修现场PVC

管适用于电线套管和排污管，如图 2-7 和图 2-8 所示。

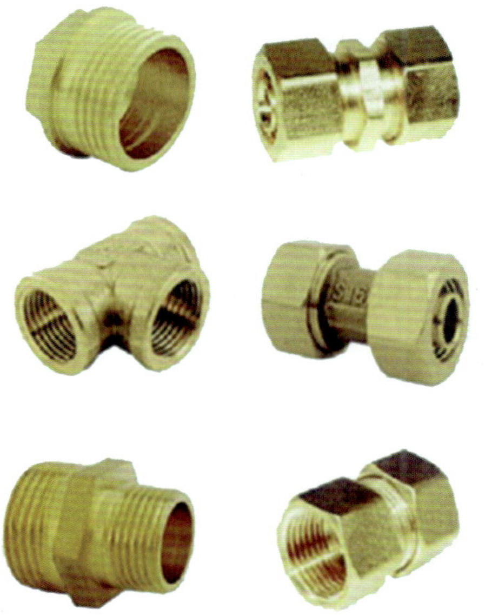

图 2-6　铝塑管铜管件

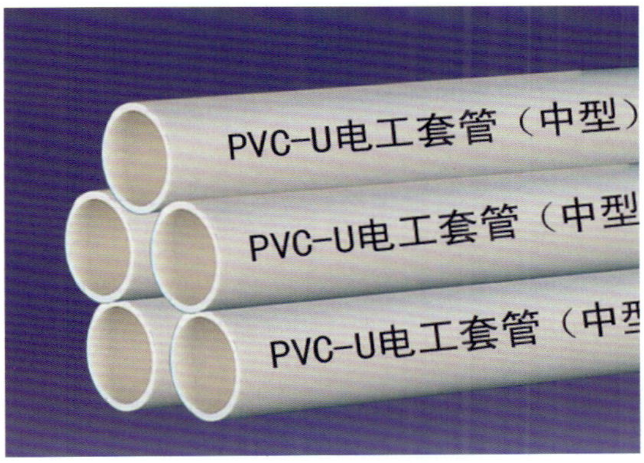

图 2-7　PVC 电线套管

图 2-8　PVC 排水管安装示意

6. PP-R 管

国际标准中，聚丙烯冷热水管分 PP-H、PP-B、PP-R 三种，这三种管化学性能稍有不同，PP-B 为嵌段共聚聚丙烯，PP-H 为改性共聚聚丙烯，PP-R 为无规共聚聚丙烯。PP-B 管和 PP-H 管价格比较便宜，其耐热、耐压性能与 PP-R 的差距很大。目前这三种管在工程上都有使用，但用量最大的还是 PP-R 管，这主要是由 PP-R 管的特点所决定的。

PP-R 管是欧洲 20 世纪 90 年代初开发应用的新型塑料管道产品（见图 2-9），除具有一般塑料管重量轻、耐腐蚀、不结垢、使用寿命长等特点外，还具有以下主要特点：

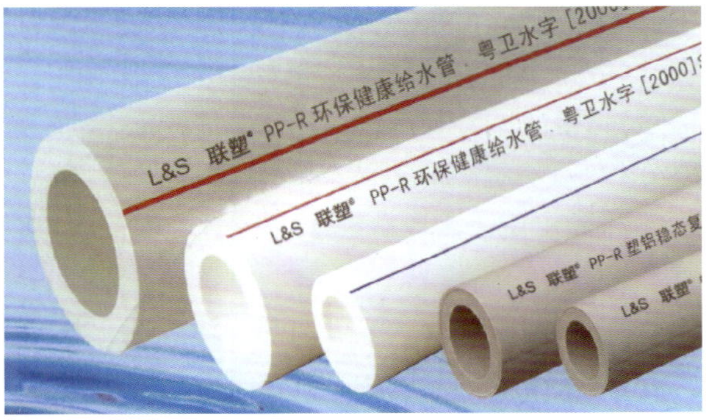

图 2-9　PP-R 管

① 无毒、卫生。PP-R 的原料分子中只有碳、氢元素，没有有害有毒的元素存在，卫生可靠，不仅用于冷热水管道，还可用于纯净饮用水系统。

② 保温节能。PP-R 管导热系数为 0.21w/mk，仅为钢管的 1/200。

③ 耐热性较好。PP-R 管的维卡软化点为 131.5℃，最高工作温度可达 95℃，可满足建筑给排水规范中热水系统的使用要求。

④ 使用寿命长。PP-R 管在工作温度 70℃，工作压力（公称压力）1.0 MPa 条件下，使用寿命可达 50 年以上，常温下使用寿命可达 100 年以上。

⑤ 安装方便，连接可靠。PP-R 具有良好的焊接性能，管材、管件可采用热熔和电熔连接，安装方便，接头可靠，其连接部位的强度大于管材本身的强度，如图 2-10 所示。

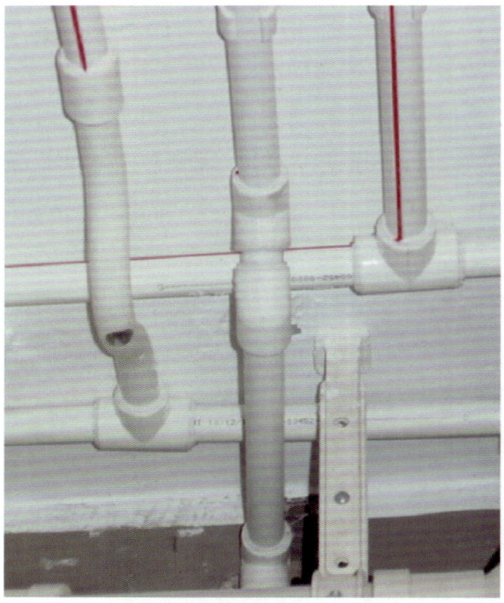

图 2–10 PP–R 管安装示意

⑥ 物料可回收利用。PP–R 废料经清洁、破碎后回收利用于管材、管件生产。当回收料用量不超过总量 10% 时，不会影响产品质量。

步骤二 铝塑管安装的工艺流程和操作要点

铝塑管安装适用于冷热水管道、饮用水管道、燃气管道以及采暖系统工程。

1. 铝塑管安装的工艺流程

管件的调直→管件的剪切→管件的弯曲→管件的连接→管件的安装→管道水压试验→管道冲洗和消毒。

2. 铝塑管安装操作要点

（1）管件的调直。

铝塑管一般以 50、100、200 m 成卷供应，如图 2–11 所示。开箱后，固定管子一端，滚动管子盘卷向前拉伸，压直管子，直到所需要的长度处停止。

图 2–11 铝塑管成品

（2）管件的剪切。

根据所需长度用铝塑管专用剪刀在所需位置轻轻地垂直剪入，剪刀一边绕着管子一边剪，或者剪入塑料后用不拿剪子的手将管旋转一周即断。铝塑管专用剪刀如图 2–12 所示。

图 2–12 铝塑管专用剪刀

（3）管件的弯曲。

铝塑管的弯曲办法是，按照所需弯曲度选择弯曲模座，将模座装在弯管器上，铝塑管需弯曲的部位放在模座和压轮杆之间，用力钳压手柄使管子弯曲至所需弯曲度，松开手柄取出管子即可。需要注意的是，不论管径大小，铝塑管的弯曲半径必须大于管子外径的 5 倍，否则，既会因弯曲过度而损坏铝塑管，造成折裂，又会因弯曲处截面缩小而减少水流量，给日常用水带来不便。铝塑管弯管器及模座如图 2–13 所示。

图 2–13 铝塑管弯管器及模座

（4）管件的连接。

① 用整圆扩孔器将管口整圆扩孔，便于管件头插入，如图 2–14 所示。

② 将黄铜螺帽和 O 形压环套在管子端头。

③ 将管件整体内芯插进管口内，应将内芯全长压入。

④ 拉回 O 形压环和黄铜螺帽，用扳手将螺帽拧

紧即可。

⑤ 装配中应注意橡胶圈和 O 形压环的相对位置，如果位置不对，应调整，否则很容易出现泄漏现象，如图 2-15 所示。

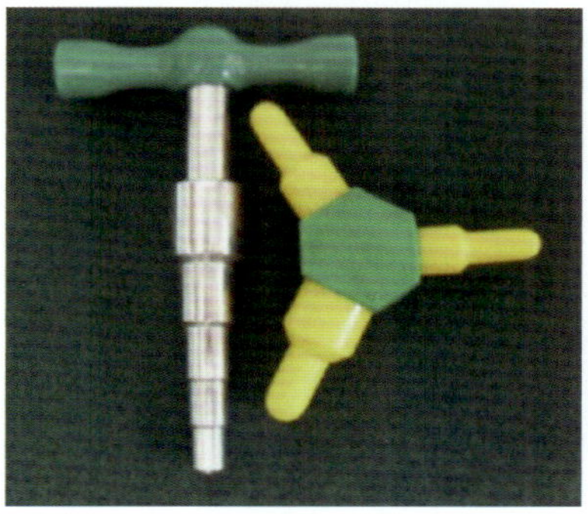

图 2-14 铝塑管扩孔器

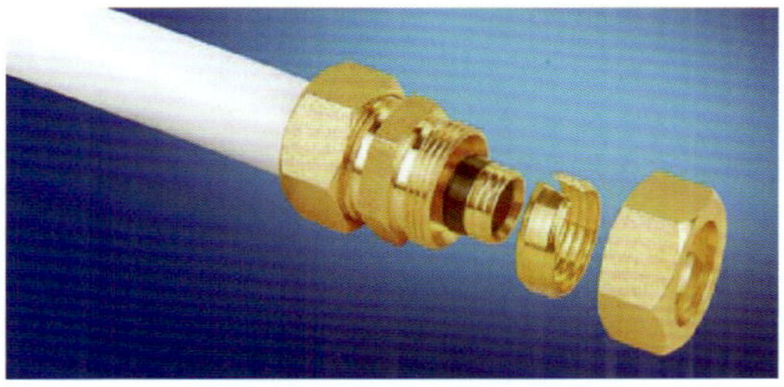

图 2-15 铝塑管管件的连接

（5）管件的安装。

管道沿墙暗敷时，先在墙上开槽，铝塑管应铺设在沟槽内，用管卡固定。沟槽深度一般应较管外径大 20~25 mm。管道安装完毕应进行水压试验，检查是否有渗漏。试验合格后才可对沟槽进行封墙抹平，封墙时采用 1 ∶ 2~1 ∶ 3 的水泥砂浆。水管管槽的填塞宜分两层进行，第一层填塞至四分之三管高，砂浆初凝时应将管道略作左右摇动，使管道与砂浆之间形成缝隙，再进行第二层填塞，填满管槽与墙面，砂浆必须密实饱满，将砂浆压实后再抹平。热水铝塑管直线管段的管槽填塞操作与冷水铝塑管相同，但转弯段应在水泥砂浆填塞前沿转弯管处侧插嵌宽度等于管外径厚度 5~10 mm 的质地松软板条，再按上述操作填塞并抹平。

管道铺设在楼板时，应在找平层上开槽，要求和沿墙暗敷基本相同。如果设计是准备铺陶瓷地板砖或石材的楼面，可直接将铝塑管搁置在楼板上，利用铺地板的砂浆黏结层敷设管道。砂浆黏结层最薄处也应有一定的厚度，既要保证黏结地板的要求，还要保证铝塑管全部被砂浆包裹，杜绝管道外露直接接触板材。

无论是铝塑管还是其他材质的管材，管道敷设完成后，有内牙弯头的用堵头封住，冷热水口用软管连通，以便做管道水压试验，如图 2-16、图 2-17 所示。

图 2-16 堵头封内牙弯头

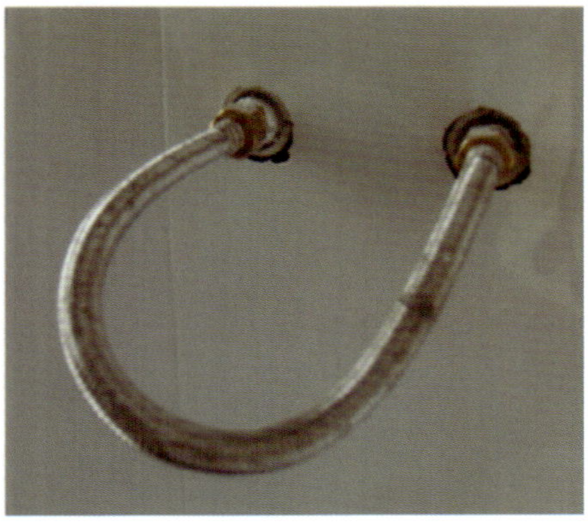

图 2-17 软管连通冷热水口

（6）管道水压试验。

水压试验之前，对试验管道应采取有效的固定和保护措施，但所有接头部位都必须外露，以便观察试验效果。水压试验步骤如下：

① 水管试验宜分段进行，试验管段的长度不宜超过 500 m。

② 压力表安装在试验管段的最低处，配水管与卫

生器具断开，将管口封堵。

③ 缓慢地向管道充水，注水点在管段的最低处，随着管道逐步充水，由低向高将各个溢水的管道末端封堵，使铝塑管内的空气得以充分排除。

④ 注满水后，进行水密性检查。

⑤ 加压宜采用手动泵缓慢升压，升压时间设于 10~15 min。

⑥ 铝塑管的试验压力为工作压力的 1.5 倍，但最小不得小于 0.6MPa。

⑦ 升至规定试验压力后，停止加压，稳定 1 h，压力下降不大于 0.05 MPa，观察接头部位是否有漏水现象。

⑧ 稳定 1 h 后，在工作压力的 1.15 倍状态下稳压 2 h，如果压力表的指针位置没有变化或者压力下降不超过 0.03 MPa 则为合格，说明所安装的水管是密封的，如图 2–18 所示。

图 2–18　管道水压试验

下水管虽然没有压力，也要放水检查，方法是将水倒入立排水管中，仔细检查是否有漏水或渗水现象，如图 2–19 所示。

⑨ 对起伏较大和管线较长的试验管段，可在管段最高处进行 2~3 次充水排气，确保充分排气。

⑩ 水压试验合格后，将管段与配水件接通，以管网的设计工作压力供水，将配水件分批同时开启，各配水点的出水应畅通。

（7）管道冲洗和消毒。

实际上家装的管道敷设中大多都没有进行管道冲洗和消毒就直接入住使用，这种现状有待改变。对于公共建筑而言要求不同，应该按规范操作。

图 2–19　下水管渗水试验

① 管道试压合格后，竣工验收前应进行冲洗消毒，以免群体事件的发生。

② 用清洁水进行冲洗，冲洗水浊度应小于 5 NTU，流速不得小于 1.0 m/s，连续冲洗直至出水口处浊度、色度与入水口进水相当为止。

③ 冲洗后应采用游离氯浓度 20~30 mg/L 的清洁水灌满管道消毒。含氯水在管中应静含 24 h 以上。消毒后，再用饮用水冲洗管道，并经水质管理部门取样检验符合现行的国家标准 GB 5749—2022《生活饮用水卫生标准》后方可使用。

步骤三　铝塑管安装模拟实训

1. 模拟实训的目的

通过室内给水管道安装操作，认识有关材料、机具和工艺，为今后装饰设计中绘制给排水系统图、编制装饰工程预算书、装修现场的施工管理等职业岗位所需知识和技能服务。

2. 模拟实训的准备

（1）材料准备：品牌铝塑管 20~30 m，各种管件、管卡、生料带、堵头、水嘴、软管、水泥和砂子等。

（2）工具准备：冲击钻、水电开槽机或石材切割机、扳手、铝塑管专用剪刀、扩孔器、弯管器、老虎钳、螺丝刀、抹子、泥刀、铁锤等。

（3）场地准备：进行模拟实训的工作面已完成墙面和楼地面的找平抹灰。

3. 模拟实训安排及注意事项

（1）专业老师负责模拟实训的组织。根据学生的特点和长处，模拟实训前应将学生分为若干小组，充分发挥每个学生的主观能动性，激发每个学生的潜力。每小组的成员共同完成所分配的子任务，并通过听讲解、观察、问答等形式学习其他小组所分配子任务的相关知识和技能。

专业老师还要在时间上和空间上组织好教学，使各小组或依次作业或平行作业，实现模拟实训过程的相互协调。

（2）第一小组负责绘制水路施工图。管路开槽按要求是横平竖直，平行走线的管路控制在 60~90 cm 高，有水龙头的管路必须垂直，槽深设计深度为 4 cm，槽宽依据管径和管路数而定。在该图上应标明水管走向、管径、管件名称及其规格、用水终端名称等。学生画图时专业老师只需简单提示，不要做过多讲解，待学生画好图后再做必要的纠正和补充即可。

（3）第二小组负责开槽。要对照画好的施工图先弹线再开槽。使用水电开槽机应遵守操作规程和安全事项。也可用石材切割机照弹线位置做两边切割，再用凿槽电锤开挖，先用尖口钻头破碎，再用平口钻头铲除。槽深控制在 4 cm。如有条件还可用冲击钻进行穿墙实训。

（4）第三小组负责管道布置。根据量取尺寸剪切铝塑管，按图纸选用管件，管件连接规范，能弯管而不用管件的就弯管，穿墙部位的铝塑管须穿钢管保护。有条件的可在封管前做水压试验，方法有三种，第一种方法是用压力表打压试水，打压之后检查所有管道接头是否有渗漏。第二种方法就是上堵头和软管后，打开水阀供水，规范操作是经过两天两夜后待第三天检查所有接头是否有渗漏。第三种方法较为简单，在水阀后安装扬程 20 m 左右的小型水泵，打开水阀和水泵约 1 小时，检查所有接头是否有渗漏现象。

（5）第四小组负责封管。按照 1 ∶ 2~1 ∶ 3 的配合比调制水泥砂浆，封管前先要洗墙槽，即用水将墙上槽口里的灰尘冲洗掉，以保证砂浆和槽口黏结良好。位于地面上的管道如果不是靠地板黏结层封管即在地面找平层上开槽敷设，也应在砂浆封管前清理槽口并洒水湿润。

（6）第五小组负责记录和清理。管道敷设是隐蔽工程，在管道布置完后和封水泥砂浆之前，该小组成员记录好管路的种类、数量、尺寸、位置等，便于以后洁具安装时明确管路的具体情况。待其他小组撤离后清理现场。

任务二　室内线路敷设

公共建筑的室内线路敷设，会因房屋的使用功能不同而相差很大。商务酒店、体育馆、办公楼、车站、航空楼、医院、图书馆、宾馆酒店、休闲会所、教学楼、电影院等各自都有一些专用设备和仪器，其线路敷设具有复杂性和专业性的特点，一般的装修公司尤其是中小型家装公司不具备相应的施工资质和施工队伍。值得一提的是，尽管网络技术在迅速发展，现在的公共建筑，如宾馆、酒店、办公楼、教学楼等还都有办公电话和闭路电视监控系统，所以有可能需要敷设电话线和闭路线。

家庭装修的室内线路开发商一般都敷设好了，而且现在用的水电材料都不错，可以不改造。但如果想将原本基础的水电设施改造成自己所需要的理想状态，不论是全屋重新布线还是局部改造，在线路敷设中所选用的材料和施工工艺都基本相同。需要说明的是，由于网络技术的迅速发展，现在的家装中一般很少敷设电话线和闭路线。

室内线路敷设是将各种线路、接线盒及其开关插座面板安装在地面、墙柱面、楼板、天棚骨架等部位的施工过程的总称。这些线路包括电线、网线、闭路线、电话线、音响线等。

任务导入：

在装饰施工技术实训室全过程模拟 20 m^2 左右客厅的线路敷设。

任务分析：

客厅也称作起居室，是家庭活动的综合性空间，包括聊天说话、坐躺休息、视听娱乐、待客看报、接打电话等多方面的需要。根据客厅具有综合性功能的特点，通常配备闭路、电话、网络、音响等插座及一定数量的电源插座。为了规范模拟操作，先要了解室内常用线路材料知识，明确线路敷设的工艺流程和操作要点，然后通过模拟实训完成该项目的指定任务。

任务实施：

步骤一　室内装修常用线路材料

按照交流频率、传输方式、功率电压及电流大小不同，通常将电子类分为强电和弱电两部分。强电是作为一种动力能源，弱电是用于信息传递，两者既有联系又有区别。强电的处理对象是能源即电力的输送和控制，其特点是电压高、电流大、功率大、频率低，主要考虑的问题是减少损耗、提高效率。弱电的处理对象主要是信息，即信息的传送和控制，其特点是电压低、电流小、功率小、频率高，主要考虑的是信息传送的效果问题，如信息传送的保真度、速度、广度、可靠性。家装工程中，强电部分是指室内生活用电设施的线路敷设，弱电部分则包括电视、网络、音响、电话、监控等系统的线路敷设。

家装中敷设的线缆主要有电线、网线、闭路线、电话线、音响线等。敷设以上线缆均需通过接线盒留出预留长度，以便与配套的插座开关面板相连接。电线进户后通过配电箱和自动空气开关分为若干个回路。

1. 电线

我国的电线产品按其用途可分为五大类：裸电线、绕组线、电力电缆、通信电缆和通信光缆、电气装备用电线电缆。电线的基本结构是由导体和绝缘层构成的。导体是指能传导电流的芯体材料，电线的规格都以导体的截面表示；绝缘层是指能够耐受不同电压程度的外层绝缘材料。

家装中的电线按规定必须使用铜芯线，分为软线和硬线两种，由于软线的导电性、散热性等方面要优于硬线，所以大多数情况下都使用软线，如图 2–20 所示。

铜芯硬线　　　　铜芯软线

图 2–20　家装中的电线

2. 网线

网线即网络连接线，是从一个网络设备连接到另外一个网络设备传递信息的介质，是网络的基本构件。局域网中使用的网线有多种类型，通常情况下，家装中敷设的网线选用双绞线，如图 2–21 所示。

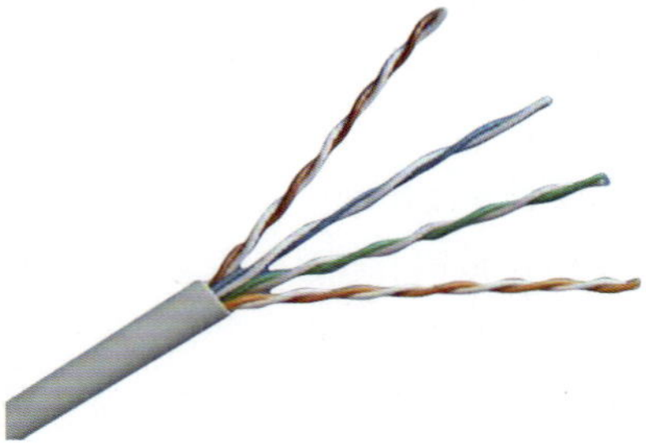

图 2–21　双绞线

3. 闭路线

闭路线是指有线电视信号的输送线缆，家装施工中一般是敷设同轴电缆，如图 2–22 所示。同轴电缆有一定的寿命，在使用一段时间后，由于材料老化，导体电阻变大，绝缘介质的漏电流增加，会造成电缆对信号的损耗值增大。通常情况下，达标电缆根据质量和使用场合的不同，其寿命在 7~15 年之间，当发现信号衰减过大时，应更换该同轴电缆。

很多家庭都拥有两台及以上电视机，需要安装有线电视分配器，如图 2–23 所示。分配器应选用高隔离和高带宽（≥ 1 000 MHz）的器件，以保证每个输出端口电视信号都达到标准。

图 2–22　电视同轴电缆

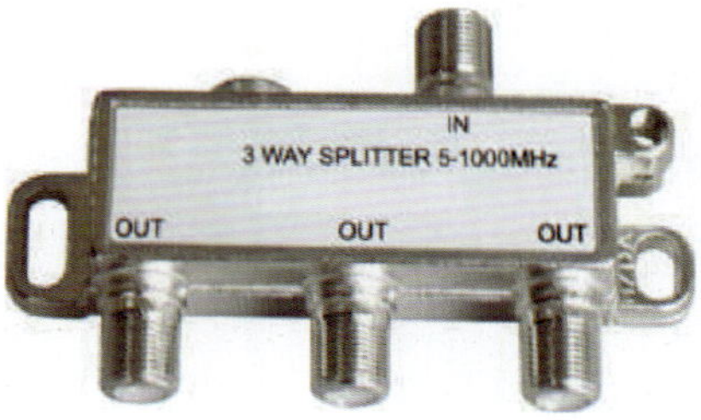

图 2–23　有线电视分配器

4. 电话线

虽然很多时候都是用手机进行通信，但几乎每家都会安装固定电话。现在家装中敷设的电话线不再使用传统的、早已被淘汰的铁芯电话线（2 芯），而改用铜芯线、光纤，也可直接用网络双绞线。

铜芯电话线分 2 芯和 4 芯两种，是目前用得最为普遍的电话线，如图 2–24 所示。光纤电话线科技含量高，传送质量好，成本也更高，不少地区的电信公司已将光纤安装进小区的各家各户门口，并留有一定的余量供用户作进户后布置用。直接用网络双绞线作电话线，可实现“三网合一”，即网络、有线电视和电话共用一根双绞线即可，实现家庭生活网络化、数字化、现代化。

图 2–24　铜芯电话线

5. 音响线

爱好音乐的业主通常要求敷设音频线以满足其需要，但也有很多业主不要求敷设音频线。音响线的内部是金属导体，中间是聚乙烯绝缘层，外部是 PVC 胶料外皮。外皮分透明的和不透明的两种，家庭一般用透明的，影院和歌舞厅一般用不透明的，如图 2–25 所示。

图 2–25　透明和不透明的音响线

6. 接线盒与开关插座面板

接线盒也称暗盒，是一种与开关插座面板配套的辅助材料。和阻燃管一样，接线盒可以起到保护线缆的作用，但主要是实现线缆的连接，如线缆与面板的连接、线缆的分支、线缆的延长等都是通过接线盒来完成，如图 2–26 所示。

图 2–26　线缆穿管敷设

接线盒从材质上说有两种，塑料的和铁的。塑料的一般用于住宅建筑，铁的一般用于需三相四线的工业建筑。家庭装修最好使用塑料的，因铁的有可能会腐蚀生锈。

接线盒的规格是以面板的规格为依据，并与面板配套使用，如图 2–27 和图 2–28 所示。外观上看，86 型面板是方的，功能简洁清晰，安装规范，但灵活性差一点；118 型面板是长方形的，功能件可以根据需要自由组合，适用性强，但应注意组装要规范。120 型面板国内只有少数地区使用，与 118 型面板外观差不多，不同的是 118 型面板的功能件只能横向组合，而 120 型面板既可横向也可竖向组合。家装施工中三种常见型号的接线盒及其面板的情况见表 2–1。

图 2–27　86 型接线盒与面板

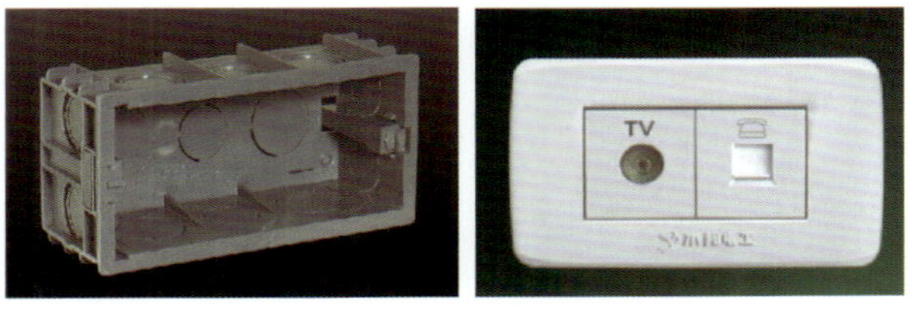

图 2–28　118 型小号接线盒与 2 位面板

表 2-1　三种常见型号接线盒及其面板的情况(单位：mm)

面板型号	面板尺寸	接线盒外形尺寸	安装孔距	适用范围
86 型	86 × 86	82 × 76 × 5	60~64	适用于 86 型所有开关插座
118 型小号	118 × 72	62 × 102 × 5	84~87	适用于 118 型 1 位、2 位面板
118 型中号	155 × 72	62 × 132 × 5	115~120	适用于 118 型 3 位面板
118 型大号	197 × 72	62 × 178 × 5	160~165	适用于 118 型 4 位面板
120 型大号	120 × 120	105 × 110 × 5	78~83	适用于 120 型大号面板
120 型中号	120 × 60	62 × 102 × 5	84~87	适用于 120 型 120 × 60 面板
120 型小号	86 × 86	82 × 76 × 5	60~64	适用于 120 型的 86 型面板

7. 自动空气开关与配电箱

自动空气开关又称自动空气断路器，是一种既可手动又可电动进行分闸合闸的低压开关电器，在电路过负荷或欠电压时能自动分闸，可用于非频繁操作的出线开关。它集控制和多种保护功能于一身，除了能完成接通和分断电路外，还能对电路或电气设备发生的短路、严重过载及欠电压等进行保护，如图 2-29 所示。

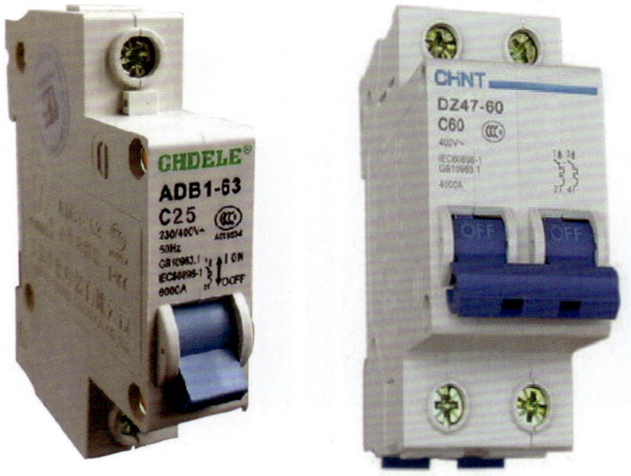

图 2-29　自动空气开关

自动空气开关应按规范安装在配电箱里，如图 2-30 所示。家用配电箱分金属外壳和塑料外壳两种，有明装和暗装两种方式，家装一般使用暗装方式更美观。配电箱应符合以下要求：

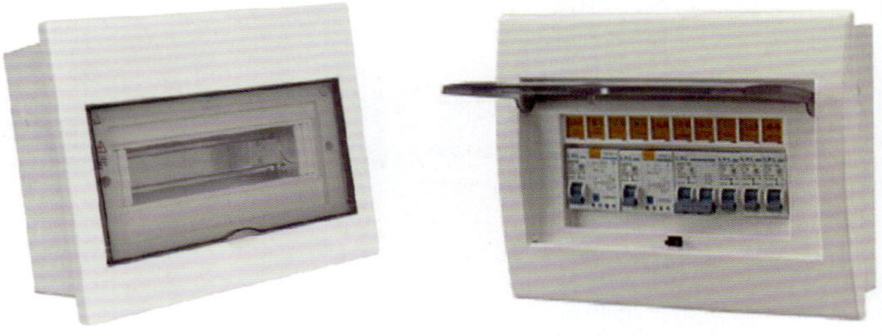

图 2-30　家用配电箱

（1）箱体必须完好无缺。

（2）箱体内接线汇流排应分别设立零线、接地保护线和相线，且要完好无损，具良好绝缘，如图 2-31 所示。

图 2-31　空气开关接线

（3）空气开关的安装座架应光洁无阻并有足够的空间。

（4）配电箱门板应有检查透明窗。

步骤二　线路敷设的工艺流程和操作要点

家居生活中需配备闭路、电话、音响插座；还有空调专用插座；现在的电视机都朝网络发展，所以还需配备网络插座；为了方便日用电器的使用，还应在每个独立空间的四周墙面的适当位置多安装几个用电插座，以备不时之需。客厅电视机背后插座实例如图 2-32 所示。

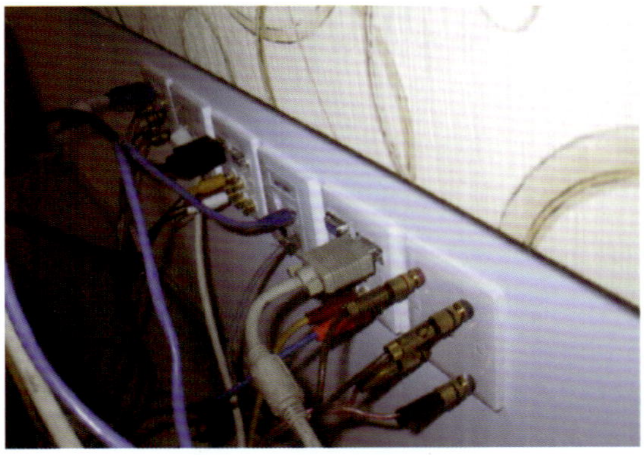

图 2-32 电视主墙开关插座情况

1. 线路敷设的工艺流程

绘制布线草图→墙上画线→开布线槽→敷设暗盒和 PVC 阻燃管→管内穿线→测试→安装面板→安装灯具→检查→绘制实际布线图。

2. 线路敷设的操作要点

（1）绘制布线草图。

对整套居室要有总体布局考虑，在明确电视、电话、灯具、空调等用电器具的位置的前提下，快速而准确地画出线路敷设方案，方案中要标注出开关是几联的、插座是几插、用何种接线盒、线缆和空气自动开关是什么规格等，草图的表现形式可以是电气系统图也可以是电气平面图，或者两者相结合。

（2）墙上画线定位。

在墙上画出线路走向以及开关插座的位置，线路走向宽度要根据阻燃管的数量画双线，以便准确开槽；开关插座的位置要根据接线盒的规格和并排数量，在墙面上画出准确的位置和大小，如图 2-33 所示。

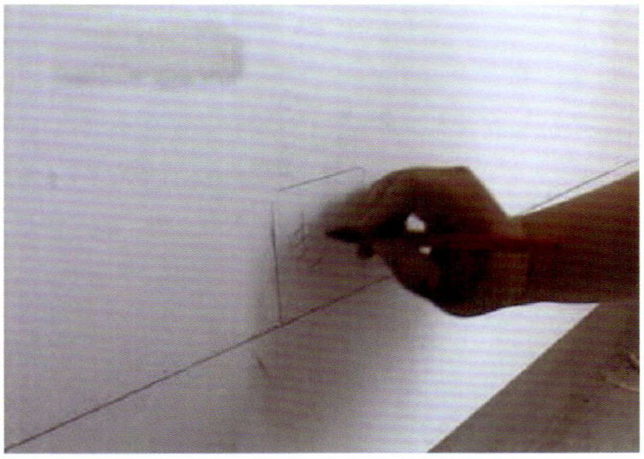

图 2-33 画线定位

（3）开布线槽。

定位完成后，根据画在墙上的电路走向定位线用石材切割机或专用开槽机开布线槽。开槽深度应一致，一般是 PVC 阻燃管直径再加 10 mm，如图 2-34 所示。

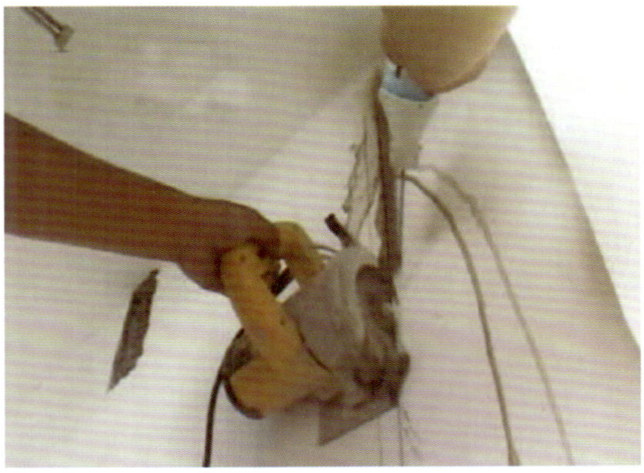

图 2-34 墙面上开布线槽

插座类距地面 400 mm 开槽，挂式空调插座距地面 2 200 mm 开槽，开关距地面 1 200~1 400 mm 开槽。安装开关插座暗盒时要弹水平线开槽，以保证高度一致、美观。

但是，从结构安全的角度来说，规范的做法是不允许开横槽，故线路槽所谓的“横平竖直”是否正确还有待商榷，因为，房屋的荷载主要有四方面，房屋自重、静荷载、动荷载和风荷载，不论哪方面的荷载，横槽都会影响墙的承受力，至于该影响力有多大，有关部门也未测定和作出规定。实际施工中横槽很普遍，但我们应注意这一点，尽可能减少横槽，或横槽开得稍浅些。

（4）敷设暗盒和 PVC 阻燃管。

封埋前要先清洗掉孔槽中的灰尘，以保证砂浆与槽口的黏结。

阻燃管有几种规格，一般插座用 SG20 管，照明用 SG16 管。当管线长度超过 15 m 或有两个直角弯时，应增设拉线盒。使用导管夹将阻燃管固定在槽内，如

图 2-35 所示。暗盒与阻燃管连接处、阻燃管的拐弯和接头处须用弯接头或直接头套接，接口处须加电气专用胶布黏结，如图 2-36 所示。待穿线并做测试后再用 1 ∶ 2 或 1 ∶ 3 水泥砂浆封埋。阻燃管处封砂浆须与墙面顺平，暗盒须根据装饰面层情况，突出墙面留有一定的余地。

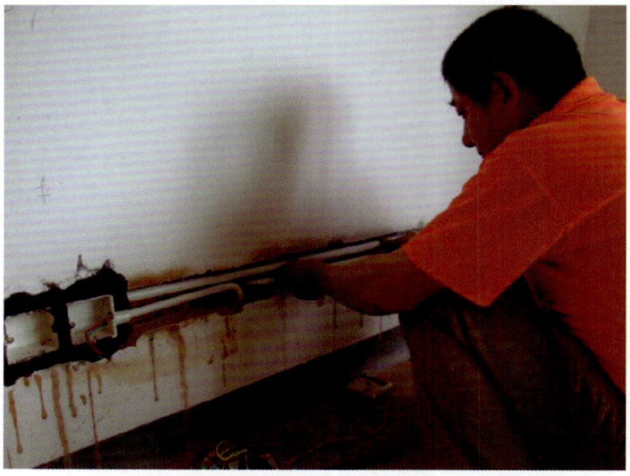

图 2-35 敷设暗盒和阻燃管

图 2-36 暗盒与阻燃管的连接

（5）管内穿线。

① 各回路配置电源线时须注意所用导线截面积应满足用电设备的最大输出功率，一般情况下，照明采用 1.5 mm^2 的线，空调挂机及插座采用 2.5 mm^2 的线，柜机采用 4.0 mm^2 的线，电热水器采用 6.0 mm^2 的线，进户线采用 10.0 mm^2 的线。

② PVC 阻燃管安装好后，统一穿线，同一回路电线应穿入同一根管内，同类电源的几个回路也可以穿在同一管内，但管内总根数不应超过 8 根。为便于穿线，线缆总截面积（包括绝缘外皮）不应超过管内截面积的 40%。

③ 每个 PVC 阻燃管内只能有一种线，弱电线与强电线不得敷设在同一管内。

④ 电源线及插座与电视线及插座的水平间距不应小于 500 mm，以免出现电视信号受干扰的现象。

⑤ 穿入阻燃管内的电线不准有接头，接头应设置在接线盒内。电线接头处应采用按压接线法，必须要结实牢固，并立即用绝缘胶布均匀、紧密地包缠。

⑥ 各种线缆从暗盒出来都要有 200 mm 的预留长度，以方便安装开关插座面板等后续作业。

⑦ 不同区域的照明、插座、空调、热水器等电路都要分开分组布线，一旦哪部分出现问题造成断电或需检修时，不会影响其他电器的正常使用。空调要单独布线，而且是一台空调一路线。

（6）安装面板。

面板包括配电箱面板和开关插座面板。分别设置强电配电箱和弱电配电箱，强电配电箱内应设动作电流 30 mA 的漏电保护器，分数路经过空气自动开关即控制开关后，分别控制照明、空调、插座等。控制开关的工作电流须与终端电器的最大工作电流相匹配，一般情况下，照明 10 A，插座 16 A，柜式空调 20 A，进户 40~60 A。

安装电源插座时，面向插座的左侧应接零线（N），右侧应接相线（L），中间上方应接保护地线（PE）。保护地线为 2.5 mm^2 的双色软线，如图 2-37 所示。需要提示的是，若墙面是刮仿瓷后乳胶漆罩面，则开关插座面板通常是在最后一遍仿瓷涂料之前安装。

（7）测试。

电源敷设完成后，须使用摇表进行检测，检测合格后，方能用砂浆对隐蔽线路进行封闭，并进行下道工序施工。

（8）绘制实际布线图。

线路敷设完成后，施工方应绘制一份电路布置图，交给装饰施工企业备案，一是方便后续相关工种的作业；二是便于日后线路检修更换、墙面修整或在墙上打钉子，避免电线被损坏甚至发生意外。

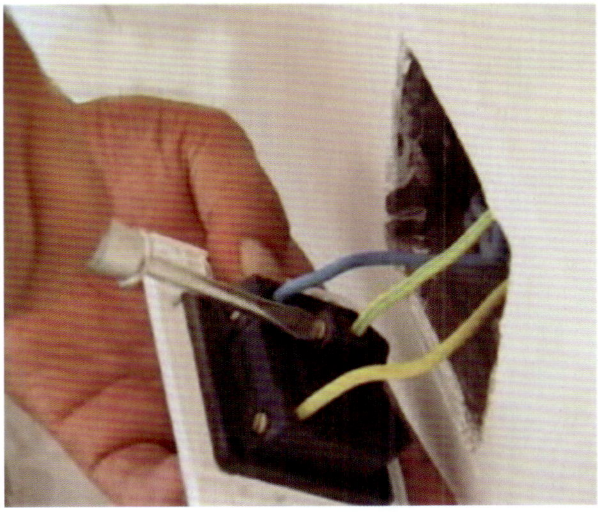

图 2–37　左零右相中接地

步骤三　线路敷设模拟实训

1. 模拟实训的目的

通过室内线路敷设操作，认识各种线缆材料、施工机具及其工艺，为日后设计工作中绘制电气系统图和电气平面图等职业岗位所需知识和技能服务。

2. 模拟实训的准备

（1）材料准备：1.5、2.5、4.0、6.0 mm^2 的铜芯软线各 30~50 m，电话线、网线、闭路线音响线各 15~20 m，电视分频器 1 个，118 型开关插座面板若干（配有电话、网络、闭路、音响等各类型自由组合的功能件），配套 118 型暗盒若干，空气自动开关 4 个（总闸、普通插座、照明、空调插座各 1 个），小号配电箱 1 个，SG20 和 SG16 阻燃管各 20 m，管卡、绝缘胶布、水泥和砂子等。

（2）工具准备：冲击钻、水电开槽机或石材切割机、剥线钳、尖嘴钳、螺丝刀、抹子、泥刀、凿子、铁锤等。

（3）场地准备：符合完成任务所需的一相对独立的空间，墙面和楼地面已经完成了找平抹灰。

3. 模拟实训安排及注意事项

（1）专业老师负责模拟实训的组织。根据学生的特点，模拟实训前应将学生分为若干小组，每小组的成员共同完成所分配的子任务，并通过听讲解、观察、问答等形式学习其他小组所分配子任务的相关知识和技能。

专业老师要在时间上和空间上组织好实训教学，使各小组或依次作业或平行作业，实现模拟实训过程的相互协调。

（2）第一小组负责绘制客厅电气施工图。在图上应标明各种线缆的名称和规格、暗盒规格、面板组合情况等，还应注明各线缆的配管情况。学生画图时专业老师只需就规范和安全作简单提示，不要做过多讲解，待学生画好图后再做必要的纠正和补充即可。

（3）第二小组负责开布线槽。要根据画好的客厅电气施工图先弹线再开槽。具体做法是，先在墙上画出开关插座位置及大小，再在开关插座位置之间画出线路槽位置，根据各线路配管数量和管径大小反复斟酌各线路槽所需宽度，经确定无误即可进行开槽开洞。开槽时灰尘较大，有的机子带有自动喷水装置，若自动喷水装置不能正常工作或没有自动喷水装置，可由两人协作，一人持机切割，另一人采用人工方式向刀片射水，以减少灰尘并给刀片降温。开槽时须佩戴口罩，其他组的人员应暂时撤离。

（4）第三小组负责清理槽口。线槽切割后，用开凿机或人工方式将两切割线之间的灰砖铲除便形成槽口，槽口的深度、宽度要符合布管要求，管的正面抹灰层最少要有 10 mm 厚，不允许管面与旁边的墙面在同一水平面上或超出墙面。

（5）第四小组负责穿线布管。按照暗盒之间的距离量取长度，以此长度剪切阻燃管和相关线缆的长度。需要注意的是，管的长度要考虑接头和接口的长度，线缆的长度要考虑预留长度等因素。将线缆穿入管中，切记不同类的线缆即弱电线与强电线不能穿在同一根管内，电线可穿进同一根管内，但总根数不超过 8 根。为便于穿线，线缆总截面积不应超过管内截面积的 40%。管子穿好线后，先将槽口里面的灰尘冲洗掉，再用管卡将管子布置在槽口里，并对每路线做测试。

（6）第五小组负责埋管。在第四小组布管的同时，即按照 1 ∶ 2 调制水泥砂浆，并将暗盒、阻燃管全部封埋。封埋时砂浆要饱满、密实，之后用铁抹子长边口搭在槽口两边墙面将突出墙面的砂浆削去并抹平，以保证槽口与墙面平整、顺滑，有利于后期的墙面装饰作业。

（7）第六小组负责面板安装。先安装开关插座面板，各种线缆的连接要严格按照规范进行操作。配电箱安装放在后面，在确认进线电源已切断的前提下，

4个空气自动开关中先连接插座、照明和空调，再连接总闸，确认无误后开通进线电源。至此，线路敷设的实训操作才算完成。

（8）第七小组负责记录和清理。从第一小组绘制电气施工图开始到第六小组完成面板安装都要做好书面记录，主要记录内容是各环节的材料名称及规格、用量、工艺流程及其操作要点、注意事项、操作中出现的问题及解决办法等，待面板安装结束后还要绘制出实际布线图，并与第一小组绘制的电气施工图进行比对，找出同异并分析原因，并完成实训现场的清理。

任务三　洁 具 安 装

家居用水设备都集中在厨房和洗手间，如图2-38和图2-39所示。广义的洁具包括用水器具、给排水管道和附件等三大类。用水器具如洗菜盆、洗脸盆、坐便器、浴缸、淋浴间、地漏、水龙头、淋浴器等及其配件；给排水管道即前述室内管道系统；附件如洗手间镜子、纸盒、毛巾架等。这里介绍主要的常见的用水器具。

图2-38　厨房的基本设施

图2-39　卫生间的基本设施

任务导入：

在装饰施工技术实训室全过程模拟完成洗菜盆、淋浴器的安装。

任务分析：

先要认识常见的室内洁具，了解洁具安装的工艺流程和操作要点，然后通过模拟实训尝试洁具的安装。需要说明的是，虽然目前洁具的安装基本上是本着“谁经销谁安装”的原则，装饰公司对洁具只作设计上的指导，譬如对洁具的款式选择、品牌建议、颜色搭配、位置考虑等，但是，掌握洁具安装的知识和技能是装饰行业从业人员必备的专业素养。

任务实施：

步骤一　室内常见洁具

1. 洗菜盆

家居用得最多的是不锈钢子母盆，一般安装在厨房靠近窗户的地柜上，地柜台板须按照子母盆的尺寸开洞将子母盆嵌入。一大一小两个水盆，水龙头可以自由旋转并调节冷热水量，盆口配上滴水架更加好用，如图2-40所示。

图2-40　不锈钢子母盆

2. 洗脸盆

洗脸盆按照盆口与台面的标高关系，分台上盆和台下盆两大类；按照材质的不同，洗脸盆有玻璃、陶瓷、亚克力等材质；按照构造及安装方式的不同，可分为立柱式、吊挂式、架构式、柜斗式等，如图2-41所示。有两点需要说明，不论是嵌入台面孔洞还是直接搁置在台面上，凡是盆口高于台面的都是台上盆，如图2-42所示。洗菜盆也有台上盆和台下盆之分。

柜斗式

架构式

吊挂式

立柱式

图 2-41　不同构造及安装方式的洗脸盆

台下盆

台上盆

图 2-42　盆口与台面标高关系不同的洗脸盆

3. 坐便器

坐便器全称为坐式大便器，俗称马桶，其质量主要取决于冲水配件的质量，冲水配件有铜制件、ABS 工程塑料件、普通塑料件和 PVC 件，最耐用的是铜制件，但价格更贵，目前在市场上占主导的是 ABS 件。

坐便器按照材质不同主要有陶瓷和亚克力两种，亚克力是一种新型材料，外观很像陶瓷，但韧性好不易碎，其缺点是表面容易划伤，使用一段时间后易泛黄，陶瓷的性能正好与亚克力相反。坐便器按照排污方式不同分为下排式和后排式，家居装修中大多数是选用下排式的。按照水箱与坐体是否分开可分为一体式和分体式，一体式的比分体式的更好，近年来家居装修中选用一体式的较多，不过，一体式的马桶费用较高，如图 2-43 所示。坐便器按照功能不同分为普通式和自动式，目前自动式的国内市场上较少，大多为进口品，需要插上电源，水箱体上有各种触摸式按钮，具有自动冲洗洁身、烘干功能，主要适合行动不便的群体。

图 2-43　陶瓷一体式坐便器

4. 蹲式大便器

蹲式大便器按照材质不同也有陶瓷和亚克力两种；按照进水方向不同分为前进水和后进水两种，选购时要考虑到卫生间的供水方位，以免因误购而影响安装；按照与卫生间地面的标高关系分为台装式和下沉式两种，这取决于卫生间装修前的结构标高；按照冲水方式不同分为直冲式和水箱式，直冲式的进水管必须是 6 分管，水箱式的进箱管可以是 4 分管，但出箱管应为 6 分管，如图 2-44 所示。

下沉直冲式

下沉水箱式

台装水箱式

图 2-44　不同的蹲式大便器

5. 浴缸

浴缸也称浴盆，如图 2-45 所示。浴缸按照长度方向的规格不同，常见的有 1500 mm、1600 mm 和 1700 mm；按照宽度方向的规格不同，有单人型和双人型，家居装修中要根据卫生间的空间大小和个人的需要而定；按照材质不同有搪瓷铸铁、亚克力、木质和玻璃钢四种，选择浴缸最主要的是看表层材料，搪瓷铸铁的表层光洁，比较耐磨，价格较高，亚克力的价格便宜但不耐磨，使用一段时间后表面易出现灰色划痕，木质浴桶目前较为流行，经过防腐处理的木桶触感最好，但价格也不菲，玻璃钢的价格和性能都处于中等水平；按照功能不同分为普通型和多功能型，普通型配上淋浴器可泡浴和淋浴，价格较低，多功能型是在普通型的基础上增加了一些附加功能，如按摩喷嘴、造波水流等。

需要提醒的是，多功能型浴缸的按摩喷嘴要真正起到按摩的作用，需要较大的水压和流量，城市里楼层较高的用户须安装一定扬程的水泵或在屋顶安装 1.5 t 以上的不锈钢水桶才有用。

木质浴缸

搪瓷浴缸

图 2-45 普通浴缸

6. 淋浴间

淋浴间即淋浴的空间，通常有两种形式，一是在卫生间里做个隔断隔出一个专门用作淋浴的空间，二是从市场上购买整体浴房并安装在卫生间的一角。

在卫生间里隔出淋浴空间通常是制作玻璃门，玻璃门可以是钢化全玻门，也可以是带框料的普通玻璃门，门扇的开启方式或推拉或平开。这种淋浴间的造价相对较低，而且空间利用率高，淋浴空间较大，可与卫生间地面和墙面铺贴瓷砖项目配套进行，不留缝隙，如图 2-46 所示。

从市场上购买的整体浴房相对价格较高，对卫生间空间的利用较低，淋浴房内的空间比较局促，整体淋浴房与地面和墙面之间都有一定的缝隙，缝隙中的污垢基本上很难清除，卫生状况较差，但洗浴功能较多，如图 2-47 所示。

图 2-46 隔断式淋浴间

图 2-47 整体式淋浴间

7. 地漏

地漏是连接排水管道系统与室内地面的重要接

口，虽然太不起眼，但是在日常生活中却发挥着重要作用，如图 2-48 所示。它依靠地漏本身的水槽设计形成水封，水封把居室空间和管道系统隔开，阻止管道下的臭气跑上来。

图 2-48　地漏

地漏是在铺地板砖的时候安装，家居装修一般选择面板规格为 100 mm × 100 mm 的地漏为宜，按照功能的不同大致可以分为洗衣机地漏、卫生间地漏和淋浴间地漏。洗衣机地漏可以直接连接洗衣机排水管，将水直接排到地漏里面；卫生间地漏相对简单些，要求防臭性能要好，排水迅速；淋浴房地漏相对来说要求较高，必须满足防臭、防头发堵塞、排水迅速三个要求。

近年来随着国家的发展和生活水平的提高，家居的卫生环境日益改善，厨房很少直接从地面排水，所以，住建部与时俱进地对《建筑给水排水设计标准》（GB 50015—2019）进行了修改调整，明确规定：“住宅内除在设有淋浴器、洗衣机的部位设置地漏，卫生间和厨房的地面可不设置地漏。”因此，在实际装修设计中，厨房大多都不再设置地漏。若是设置了地漏，由于在日常生活中厨房已很少直接从地面排水，时间久了很容易因为水封得不到补充而导致水封丧失，有害气体会窜入室内，污染室内环境。如果蹲式大便器是下沉式的，卫生间的地面也不需设置地漏。

8. **水龙头**

水龙头是水嘴的通俗称谓，阀芯是水龙头的核心，控制着水流的开和关、流量大小和冷热水的混合比例，阀芯的质量决定水龙头性能的可靠性及使用寿命。

水龙头的阀芯按材质分有橡胶阀芯、轴滚式阀芯、陶瓷阀芯和不锈钢球阀芯等几种。陶瓷阀芯是一种新型阀芯材料，密封性能好，物理性能稳定，使用寿命长，一般能开闭 30 万次以上，按每天开闭 30 次计算，可以保用 20 多年无滴漏现象，目前市场上销售的基本上都是陶瓷阀芯水龙头，如图 2-49 所示。

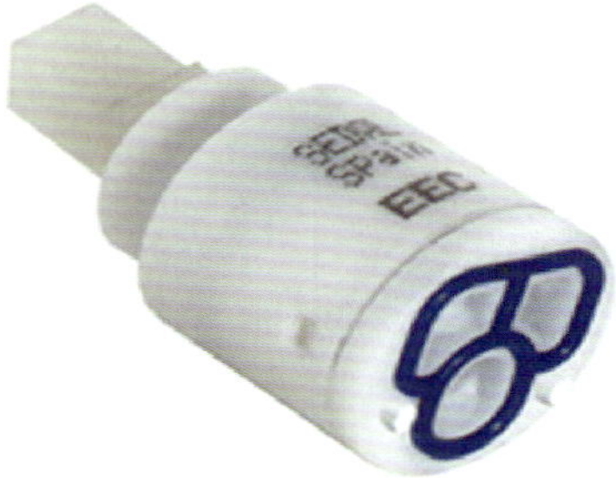

图 2-49　陶瓷阀芯

水龙头可以从不同的角度进行分类，以下仅从结构、开启方式和使用功能三个角度介绍。

（1）按结构的不同，水龙头可分为单联式、双联式和三联式等几种水龙头。单联式水龙头只有一根进水管，家居中一般是连接冷水管，常用于蓄水池、洗拖把等处；双联式有两个进水孔，可同时连接冷热两根管道，多用于洗脸盆、洗菜盆等地方；三联式除接冷热水两根管道外，还可以连接淋浴喷头，主要用于浴缸的水龙头。

所谓单控是指水龙头上只有一个手柄即可调节冷热水的温度，双控是指水龙头上有两个手柄，分别控制冷水管和热水管来调节水温，如图 2-50 所示。

图 2-50　不同结构形式的水龙头

（2）按开启方式来分，水龙头可分为螺旋式、按压式、抬启式、触摸式、感应式和扳手式等。螺旋式手柄打开时，要旋转很多圈，材质多为铸铁和塑料，主要用在一般的公共场合，铸铁的易生锈水，塑料的易老化，使用寿命都不长，家居已很少使用；扳手式手柄一般只需旋转 90°；抬启式手柄只需往上一抬即可出水；感应式水龙头只要把手伸到水龙头下，便会自动出水。不同开启方式的水龙头如图 2-51 所示。

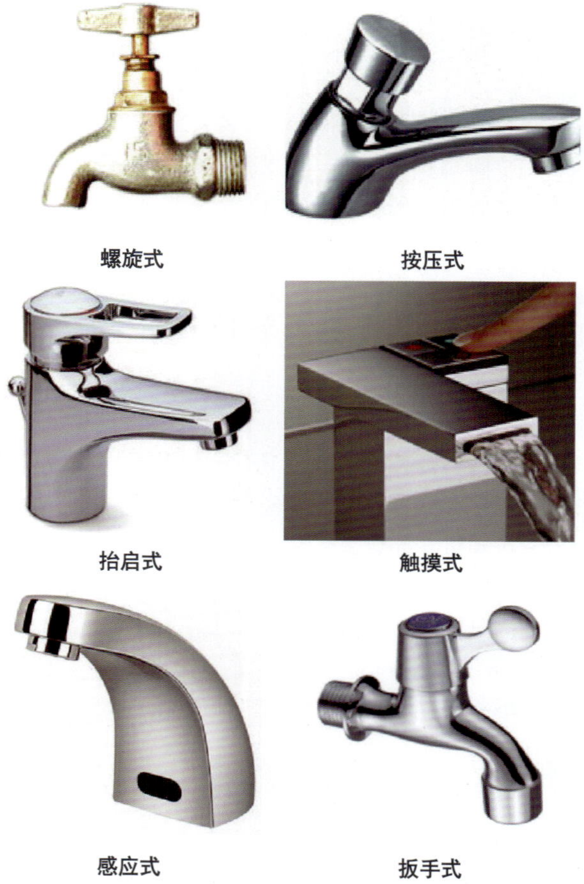

图 2-51 不同开启方式的水龙头

（3）按使用功能不同，水龙头可分为洗脸盆龙头、洗菜盆龙头、浴缸龙头、淋浴龙头、洗衣机龙头、冲洗阀等，如图 2-52 所示。其中，洗脸盆龙头的出水口较低，管身较短；厨房洗菜盆的水龙头安装在子母盆的两个清洗盆中间，一般都为长嘴可旋转式；淋浴器包括淋浴龙头和花洒，花洒俗称莲蓬头，有固定式和手持式，有的淋浴器固定的和手持的莲蓬头都有，比较方便，有的还带有下出水口，方便淋浴之外的取水，更加方便；冲洗阀常用在蹲式大便器处，有按压式、扳手式和感应式三种。

图 2-52 不同使用功能的水龙头

洁具安装时，无论哪种水龙头都要与墙面上的管头相连接，墙面上的管头在没有与水龙头连接前须用堵头或软管临时封住，以便做墙面装修或做水压试验等，如图 2-16 和图 2-17 所示。装修接近尾声时才用配套的专用软管将水龙头与墙面上的管头连接起来，专用软管螺母接头的口径主要分 1/2"、3/8"、9/16"、3/4" 四种，其中 1/2" 为通用的螺母口径。和水龙头配套的专用软管如图 2-53 所示。

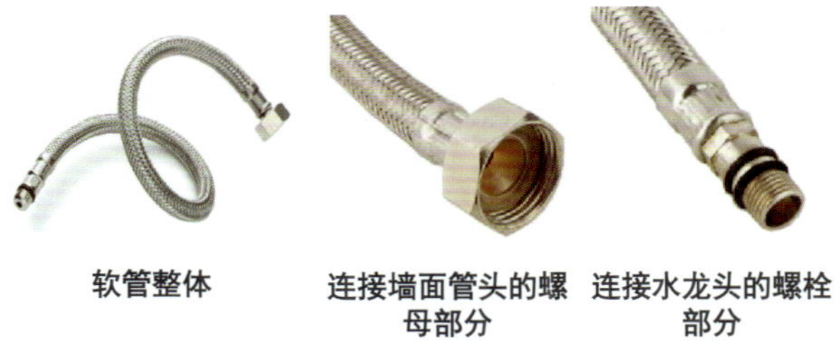

图 2–53 连接水龙头的专用软管

步骤二 洗菜盆、淋浴器安装工艺流程和操作要点

1. 洗涤盆（台上盆）安装

（1）工艺流程。

画出安装位置→切割开孔→安装软管和水龙头→调试水龙头→调正洗菜盆→打玻璃胶固定。

（2）操作要领。

① 按照厂家提供的模板画出开孔位置线；如果没有模板，则沿盆口外边线往内缩 6 mm 画出开孔位置线。

② 先用合金钻头在台面开孔的中心部位开个小孔，然后以小孔为起点用石材切割机进行切割，切割至画线处时要慢，用刀口修整好边沿。

③ 将水龙头专用软管的螺栓部分（即小头）扭进龙头的下方，再将水龙头装回洗菜盆上面，固定好水龙头，然后把专用软管下面两个螺母部分（即大头）与墙面管头相连接，注意冷热水应与水龙头上冷热水标记一致，一般是右冷左热。

④ 检查水龙头与盆、水龙头与软管、软管与墙面管头三处的连接是否牢固密实，并打开水龙头，检查是否有滴漏现象，发现问题当即解决。

⑤ 检查盆口与台面接触部位是否平正，缝隙是否均匀，左右上下调正洗菜盆位置，清除接触部位的灰尘。

⑥ 稍微抬起盆口，在切割孔边往外 6 mm 之间沿圈均匀地打上玻璃胶，慢慢将盆平放于台面，用木板均匀搭在盆沿上，并在木板上放置较重的东西，让盆口与玻璃胶紧密黏合，待到胶凝固为止。

2. 淋浴器（升降架式）安装

（1）工艺流程。

明确淋浴器类型→确定安装尺寸→安装升降架→安装水龙头→连接花洒→通水调试。

（2）操作要点。

① 淋浴器有很多种类型，如图 2–54 所示，不同类型其接口规格、安装尺寸及形式都有些不同，购买时要充分考虑浴室空间大小和墙面管头的规格、两个管头的中心距离等。

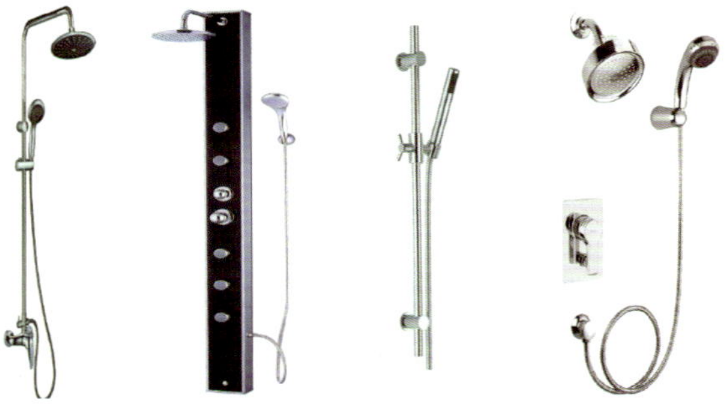

图 2–54 不同类型的淋浴器

② 淋浴器的花洒和龙头都是配套安装使用，一般来说，龙头距离地面 70~80 cm，淋浴柱高为 1.1 m，固定的花洒距地面高度在 2.1~2.2 m。

③ 升降架固定在墙上，是靠上下两个支点固定，上支点是一个套管支座，下支点或是水龙头与墙面管头相连，或也是一个套管支座，确定好套管支座的位置，电锤打孔后用 6 mm 直径的塑料膨胀螺栓固定，安装时要做到两个支点在同一垂直线上。

④ 不论水龙头是否为下支点，安装水龙头时各配件必须固定到位，不能出现松动，扳手等工具不能损坏镀铬层。

⑤ 软管与花洒、软管与水龙头的连接，都不能用工具，直接用手拧紧。

⑥ 安装完后接上水，通水观察各接口是否有地漏，发现问题及时处理。

步骤三 线路敷设模拟实训

1. 模拟实训的目的

通过洗菜盆和淋浴器的安装实训，初步掌握洁具的基本知识，了解洁具的安装工艺，为今后进行厨房和卫生间的设计积累感性认识。

2. 模拟实训的准备

（1）材料准备。

① 安装洗菜盆的材料：全套不锈钢子母盆（含下水管等配件）、洗菜盆水龙头一套、玻璃胶等。

② 安装淋浴器的材料：全套升降式淋浴器（含花洒、塑料螺栓等配件）、淋浴水龙头一套。

（2）工具准备：石材切割机、电钻、电锤、螺丝刀、玻璃枪、扳手、裁纸刀等。

（3）场地准备：利用本项目之任务一“室内管道敷设”所形成的墙面管头作为冷热水接口，墙面管头所在墙面可临时局部镶贴几块瓷砖，或者与项目四之任务一“背景墙瓷砖粘贴”相结合，安装洗菜盆若没有橱柜台面板可用一块 1 200 mm × 700 mm × 18 mm 夹芯板开孔，以替代橱柜台面板。洗菜盆和淋浴器分先后共用墙面管头。

3. 模拟实训安排及注意事项

（1）专业老师负责模拟实训的组织。模拟实训前将学生分为两小组，各小组 3 人左右，一组负责安装洗菜盆，另一组负责安装淋浴器。其余学生主要是通过听讲解、观察、问答等形式进行学习。

专业老师要在时间上和空间上组织好实训教学，尤其是要处理好安装洗菜盆和淋浴器所需台面和瓷砖墙面之间的关系，保证相关任务协调进行。

（2）水龙头除有特殊标识外，左热右冷，切勿装反。

（3）花洒在生产和包装环节易出现堵塞，安装完毕后，拆下起泡器让水流出，将里面的杂质清除后再装回。

（4）水龙头专用软管的接头密封性能很好，安装时不需要缠密封胶带。

（5）安装过程中尽量不要用扳手，直接用手拧紧即可，即使要用也必须用布带隔离，否则会破坏龙头、软管、花洒等表面的镀铬层。

项目三 地面装饰施工

知识点：

室内地面常用装饰材料；地面装饰施工工艺；室内地面装饰操作要点

技能点：

任务一 地板砖铺贴

任务二 仿实木地板安装

任务三 花岗岩楼梯踏步铺贴

任务一 地板砖铺贴

地面装饰施工按照装饰面层的施工工艺不同分为两大类，整体面层和块料面层。整体面层有普通水磨石和彩色水磨石、水泥自流平和环氧自流平、塑料卷材等。水泥砂浆地面虽然也是整体成型，但除一些公共区域外，目前很少做面层，基本上是作为其他地面装饰的基层。块料面层主要有大理石和花岗岩等天然石材、各类陶瓷地板砖、各类木地板、各类防静电地板等。

家居装修中泥工负责完成的施工项目比较多，也比较杂乱，通常包括拆墙砌墙、墙面抹灰、地面找平、封闭管道、制作固定式橱柜、掏壁柜、调整楼梯踏步、铺贴楼梯、铺地板砖及贴踢脚线、贴墙砖、零星部位修补等等。

任务导入：

在装饰施工技术实训室全过程模拟完成 10 m^2 左右地板砖铺贴。

任务分析：

先了解地板砖及其辅材的基本知识，明确铺贴地板砖的工艺流程和操作要点，再通过模拟实训完成指定的铺贴任务。

任务实施：

步骤一 常用地板砖及其辅材

我国的建筑陶瓷发展到今天，已经形成广东、山东、江西、沪浙、福建、四川等几大产区，广东是中国陶瓷墙地砖的发源地之一，主要生产基地在佛山，年产量占全国总产量的 50% 以上。值得一提的是，近年来，佛山、上海、江浙的陶瓷厂企业受当地政府推动节能减排政策的影响，纷纷转向投资江西等地。以江西为例，目前已形成高安、景德镇、萍乡、九江等多个大型生产基地。随着上下游企业的跟进以及配套设施的完善，江西产区的发展潜力不可小觑，中国建筑陶瓷行业协会的专家预测，全国各产区中最有可能替代佛山产区龙头老大位置的非江西产区莫属。

地板砖是一种陶瓷制品，是由不同材料混合而成的陶泥，经切割后脱水风干，再经高温烧压制成。室内装修用的地板砖其品种、规格和花色非常多，可以从不同角度进行分类，装修设计中常选用的地板砖有釉面砖、通体砖、抛光砖、玻化砖、仿古砖等。

1. 釉面砖

釉面砖的表面经过烧釉处理，主体有陶质和瓷质两种。陶质釉面砖由陶土烧制而成，吸水率较高，强度相对较低，背面为红色；瓷质釉面砖由瓷土烧制而成，吸水率较低，强度相对较高，背面为灰白色。釉面砖表面可以做出各种颜色和花纹，但因为表面是釉料，所以耐磨性不如抛光砖，装饰效果如图 3–1 所示。

正方形釉面砖常见规格有 152 mm × 152 mm、200 mm × 200 mm，长方形釉面砖常见规格有 152 mm × 200 mm、200 mm × 300 mm 等，如图 3–2 所示。

图 3–1 釉面砖实景

图 3–2 釉面砖

2. 通体砖

通体砖的表面不上釉，且正面和反面的材质和色泽一致，表面比较暗涩。虽然现在还有渗花通体砖等品种，但相对来说，其花色比较单纯、质朴，比不上釉面砖丰富多彩。通体砖具有防滑、耐磨的特点，市场上的防滑砖大多数属于通体砖，适合卫生间使用，如图 3–3 所示。

目前家居设计有素色设计的倾向，通体砖正好迎合了这种时尚，因此，通体砖被广泛用于各种空间的地面。

通体砖常见的规格有 300 mm × 300 mm、400 mm × 400 mm、500 mm × 500 mm、600 mm × 600 mm、800 mm × 800 mm 等，如图 3–4 所示。

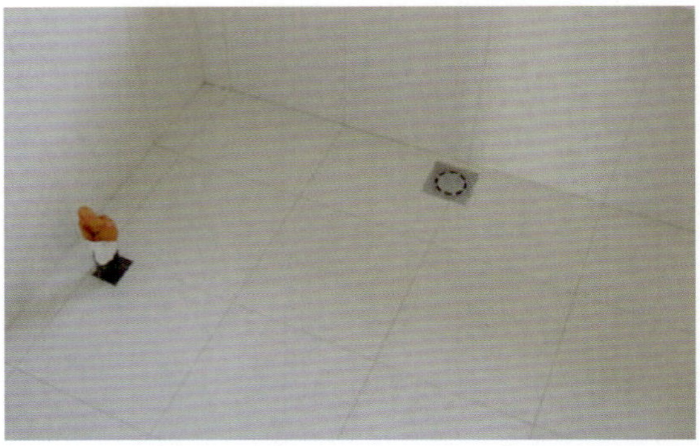

图 3–3 通体砖实景

图 3–4 通体砖

3. 抛光砖

抛光砖是在瓷质通体砖的表面上进行抛光，使其产生镜面效果而制得的瓷质砖，如图 3–5 所示。相对普通的通体砖而言，抛光砖的表面要光洁得多，在运用渗花技术的基础上，抛光砖可以做出各种仿石、仿木效果。

图 3–5 抛光砖实景

抛光砖坚硬耐磨，被广泛用于除洗手间、厨房等以外不需用水的室内空间。但抛光砖最大的缺点是易脏，这是抛光砖在抛光时留下的凹凸气孔造成的，这些气孔会吸色，若橙汁、茶水、酱醋等滴在抛光砖上很难弄干净，从而形成色斑。为避免出现这种情况，装修时也有在施工前打上水蜡以防粘污的做法。

抛光砖常见的规格有 400 mm × 400 mm、500 mm × 500 mm、600 mm × 600 mm、800 mm × 800 mm、900 mm × 900 mm、1000 mm × 1000 mm 等，如图 3-6 所示。

图 3-6 抛光砖

4. 玻化砖

玻化砖其实就是全瓷砖，是一种强化的抛光砖，它采用高温烧制而成，质地比抛光砖更硬更耐磨，价格也更高。玻化砖的表面不需要抛光但又光洁，不存在抛光气孔，解决了抛光砖因气孔吸色而易脏的问题，如图 3-7 所示。

图 3-7 玻化砖实景

玻化砖常见的规格有 400 mm × 400 mm、500 mm × 500 mm、600 mm × 600 mm、800 mm × 800 mm、900 mm × 900 mm、1000 mm × 1000 mm 等，如图 3-8 所示。

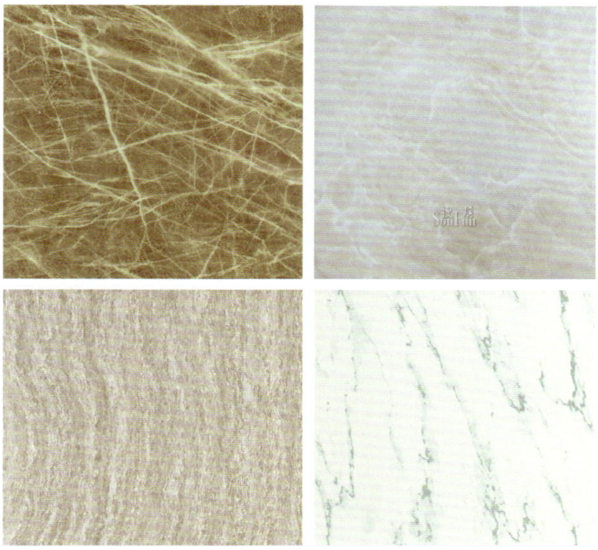

图 3-8 玻化砖

5. 仿古砖

仿古砖是从彩釉砖演化而来，实质上是上釉的瓷质砖。与普通的釉面砖相比，唯一不同的是在烧制过程中，仿古砖的生产技术含量要求相对较高，经数千吨液压机压制后，再经千度高温烧结，使其强度高，具有极强的防水、防滑、耐腐蚀、易清洁的特性。

所谓仿古，是指砖的颜色、图案和质感呈现出陈旧、厚重、内敛的效果。仿古砖因其具有独特的古典韵味，迎合了人们回味沧桑、眷念历史、追求含蓄的怀旧心理，如图 3-9 所示。

图 3-9 仿古砖实景

仿古砖常见的规格有 60 mm × 240 mm、75 mm × 300 mm、100mm × 400 mm、400 mm × 400 mm、500 mm × 500 mm、300 mm × 600 mm 等，如图 3–10 所示。

图 3–10 仿古砖

步骤二 地板砖铺贴工艺流程和操作要点

1. 工艺流程

基层处理→选板浸板→弹线吊线→调制砂浆→铺贴地板→勾缝擦缝→场地清理。

2. 操作要点

（1）基层处理。

清扫基层上的灰尘、杂物，铲除突出物，较大的松动或空鼓处要清除并用砂浆填抹，保证基层密实；根据铺贴进度在准备铺贴的地方洒水，使地面充分吸水。

（2）选板浸板。

由于地板砖从湿毛坯到烧制成型的过程中不可避免会出现程度不同的收缩变形，如边长不一、板面凹凸等。依据误差范围的不同，市场上的地板砖分为优级品和一级品，制作模具并将其作为挑选地板砖标准，主要检查板的规整度和水平度，对尺寸偏差较大、不符合规定的地板砖挑选出来，在铺贴边角处或非整块处使用；将准备要用的板浸入水中，让板充分吸水，然后稍微晾干，铺贴时以板的正面不要有明水为宜。

（3）弹线吊线。

在墙体约 1.2 m 高度的四周弹标高控制线，作为地面水平度的参照标准；同时在地面吊十字线，以控制首排地板砖的铺贴位置和水平标高。

（4）调制砂浆。

为避免空鼓现象，一般采用干铺工艺。按 1 ∶ 3 的配合比调制水泥砂浆，水分不能太多，砂浆能捻成团但又不沾手即干硬性水泥砂浆，同时调制素水泥浆。

（5）铺贴地板。

将干硬性水泥砂浆铺开，地面最高处的砂浆厚度不应小于 25 mm。以所吊线为标准，把板放在水泥砂浆上，用橡胶锤轻轻敲打，直至密实平整，同时用 1 m 长的水平尺测控板面的水平度，将板拿起，看砂浆上板的背面印出的网格纹是否有空漏，有空漏说明此处砂浆不够或较低，应及时补平；在板的背面开素水泥浆，开浆要匀称，并尽可能开至板的边角上；将板放回干硬性水泥砂浆上，用橡胶锤敲打平整。如图 3–11 所示。

图 3–11 铺贴地板砖实景

（6）勾缝擦缝。

仿古砖铺贴时板和板之间会留出 2~3 mm 的缝，先将缝隙内杂质清理干净，再饱满地嵌入填缝剂，趁填缝剂还未完全干时擦去缝两边多余的填缝剂，铺出来线型效果非常好；不论什么类型的地板砖，如果是密缝铺贴，则不需勾缝，只是浅色板可用白水泥做擦缝处理。

（7）场地清理。

铺贴过程中要随时做初步的板面清理，一般在

20~24 h 后再用木屑、棉纱等对地板砖表面进行彻底清理。

步骤三　地板砖铺贴模拟实训

1. 模拟实训的目的

通过地板砖铺贴的实训，掌握地板砖的基本知识，了解干铺工艺流程，对泥工湿作业建立感性认识。

2. 模拟实训的准备

（1）材料准备：600 mm×600 mm 或 800 mm×800 mm 某类型地板砖、600 mm×110 mm 或 800 mm×110 mm 陶瓷踢脚线、强度等级 32.5 普通水泥、中砂、填缝剂、白水泥等。

（2）工具准备：石材切割机、电锤、水平尺、泥刀、木抹子、铁抹子、灰耙、灰铲、灰桶、大水盆、灰线等。

（3）场地准备：地面平整，最少有两面墙及其墙角。

3. 模拟实训安排及注意事项

（1）专业老师负责模拟实训的组织。将学生分为若干小组，每个小组 2~3 人，分别负责搬运、选板、浸板、调制砂浆、铺贴、切割等。其余学生主要是通过听讲解、观察、问答等形式观摩学习。

（2）搬运和堆放地板砖时都要立起来搬、立起来码，落地时板角不能先着地，以免破损。

（3）选板要注意色泽一致、图案清晰。板面有裂纹、翘曲、杂质、眼孔或者掉角、缺棱现象的，先放置一边，以备铺边角处时使用。

（4）墙面上的标高控制线用扫平仪测绘，也可用土方法即透明塑料管找水平点绘出。标高控制线是确保地面、天棚等施工质量的重要依据，不能马虎。吊线时依据标高控制线确定地板砖表面的标高，水平尺可起辅助作用，吊线的两端视现场情况或钉子或标砖固定。

（5）调制 1 ∶ 3 水泥砂浆时，水泥和沙子混合均匀后再分次加水，每次加水量不能太多太快，调至所需湿度即可。调制素浆也要分次加水，调至所需稠度。

（6）铺贴地板的关键是摊平、摊匀 1 ∶ 3 水泥砂浆，是否会出现空鼓取决砂浆上板纹情况，一次不成可两次甚至三次，直至敲打密实为止。板放置在砂浆上时须紧挨旁边的板垂直落下，不能有推移动作。推移会带来两个致命的问题，一是会改变原本平整、密实的砂浆；二是造成板和板之间出现砂粒从而影响密缝。

（7）陶瓷踢脚线也要先浸水，素浆不要开得过厚，以减少空间占用量，但要能罩住地板与墙之间的缝隙。遇转角处时踢脚线厚度面要切成 45°，如图 3–12 所示。

图 3–12　贴踢脚线

任务二　仿实木地板安装

木地板种类很多，一般家装中常用的主要是实木地板、强化复合木地板和仿实木地板三大类。

任务导入：

在装饰施工技术实训室全过程模拟完成 10 m^2 左右仿实木地板的安装。

任务分析：

先学习家居装修常用木地板的基本知识，了解安装仿实木地板的工艺流程和操作要点，再进行仿实木地板安装实训。

任务实施：

步骤一　家装常用木地板

1. 实木地板

实木地板是天然木材经蒸煮、灭菌、风干、刨切后形成的地面装饰材料，具有天然原木纹理和色彩，给人以自然、柔和、温暖、亲切的质感，透气性和触感好，冬暖夏凉、是卧室、客厅、书房等地面理想的装修材料。

传统的实木地板板型较长，分有企口和无企口两种，通常用地板钉安装在木龙骨上，然后刨光、打磨、刷地板漆。因树种较杂，加工工艺比较简单，大多都有节疤、洞眼、开裂、纹理不规整、耐磨性差等质量问题，室内设计中早就很少采用，如图 3–13 所示。

图 3–13 传统实木地板

目前市场上主流的实木地板是免刨免漆实木地板。由于选材考究，加之采用先进工艺，除具有传统实木地板的优点外，还具有色泽温润、纹理匀称、耐磨性好、免刨免漆、安装便捷等优点，但是，这类实木地板价格昂贵，如图 3–14 所示。

图 3–14 免刨免漆实木地板

2. 强化复合地板

强化复合地板是人造木地板，由耐磨层、装饰层、基层、平衡层复合而成，板面较大、缝隙小，整体效果好，花色品种多，可以仿真各种木纹，色泽均匀，铺设简单，便于清理，而且价格合理，如图 3–15 所示。与实木地板相比，强化复合地板最大的优点是尺寸稳定性好、不易变形、抗冲击性和耐热性强、适合有地暖系统的房间。不过，因其装饰层的木纹图案是电脑仿真出来的，缺少实木的自然感，表面的耐磨性虽比传统实木地板的面漆更好些，但边角处容易磨损、受潮鼓胀。

图 3–15 强化复合地板

3. 仿实木地板

仿实木地板也是一种人造木地板，融实木地板和强化复合木地板之优点于一身，既拥有实木地板的纹理自然、质感饱满、触感舒适、板边做倒角立体感强的优点，又拥有强化木地板的花色品种多、价格合理、安装简单、不易变形、抗冲击性和耐热性强等优点。与强化复合地板相比，仿实木地板板面更小但厚度更大，耐磨性更强，被广泛选用，如图 3–16 所示。

图 3–16 仿实木地板

仿实木地板规格较多，常见的有 805 mm×125 mm×12.2 mm、910 mm×125 mm×12 mm、1 210 mm×166 mm×15 mm、807 mm×102 mm×12.3 mm 等。

步骤二　仿实木地板安装工艺流程和操作要点

1. 工艺流程

基层处理→钻孔清扫→铺防潮层→铺装地板→安装踢脚线→安装压条。

2. 操作要点

（1）基层处理。

① 采用悬浮法安装仿实木地板时，要求地面平整，50 m^2 以内的地面整体平整度误差不得超过 20 mm，若超过 20 mm 地面必须做全面找平处理。

② 地板的安装高度与其他相邻空间的地面材料的高度整体相差 5 mm 以上，也应做全面找平处理。

③ 如局部平整度误差较大或地板的安装高度与其他相邻空间的地面材料的高度仅仅是局部相差 5 mm 以上，只需要用防水胶混合水泥砂浆做局部找平处理。

④ 地面找平处理后，局部的平整度误差不得高于 3 mm。

（2）钻孔清扫。

安装地板前，要先在墙脚上钻孔，埋好钉位木楔，为安装踢脚线做准备。为了保证踢脚线能牢固紧贴于墙面，钉子的间距一般不超过 900 mm，两块踢脚线长度相接处的孔距不小于 100 mm，如图 3–17 所示。清扫地面，保证地面干燥、无尘。

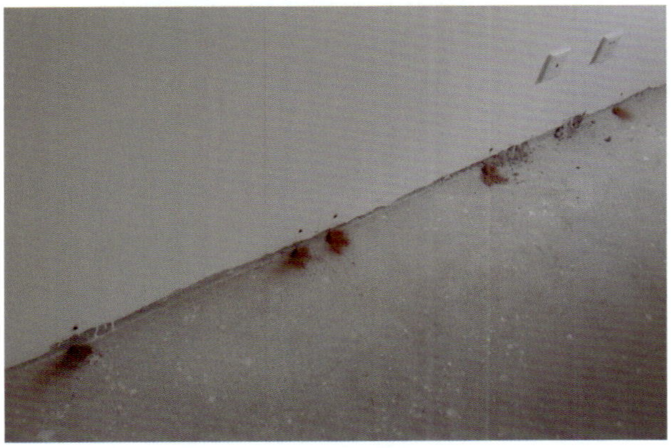

图 3–17　踢脚线钻孔

（3）铺防潮层。

防潮层有两个作用，防潮防尘和缓冲匀力。按照与地板垂直的方向铺设泡沫防潮层，两块防潮层对接处用塑料胶带封好，以保证密封效果。如图 3–18 所示。

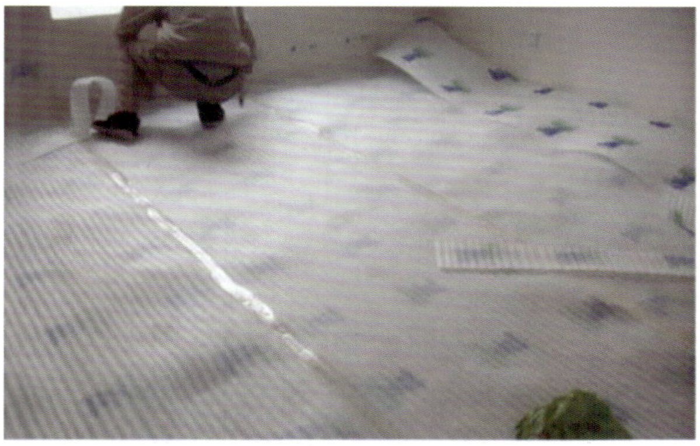

图 3–18　铺防潮层

（4）铺装地板。

①地板长度铺设方向一般是顺着窗户的光照方向，有时也根据行走线路、物件摆设等要求确定。

②为防止日后木板受潮膨胀、起拱变形，靠墙的地板无论横向还是竖向都要用楔形小木块临时固定住并留出 8~10 mm 的间隙作为伸缩缝，待地板安装好 2 h 后再取出楔形木块，如图 3–19 所示。

图 3–19　靠墙伸缩缝

③从靠门边的墙面开始铺设，铺第一排要吊线找直，因墙不一定是直线，根据吊线再调整木楔厚度尺寸。在墙角处安放好第一块地板，榫槽对着墙，板和板之间相互咬合，顺着板的长度方向铺第一排。

④从第二排开始，每块地板榫头的上沿和槽口的下沿应均匀涂上地板专用胶，当该排地板安装完之后，用湿布将溢出的胶擦干净，每块地板都要用垫板捶紧，铁锤不能直接敲打地板。装完前两排后，及时用吊线或尺子校准。

⑤上一排最后一块地板的切割剩余部分大于200 mm时，必须用于下一排的起始块，以保证每排地板间相互错缝，若小于200 mm则可舍去。

⑥每排安装最后一块时，取一块整板放在装好的地板上，这两块地板完全对齐，再取另一块地板放在这块上，一端靠墙（须留出8~10 mm伸缩缝），然后画线，并沿线锯下，即为所需长度的地板。

⑦当装到最后一排地板时，先放好楔形木块，留出8~10 mm的伸缩缝，用搬钩将地板挤入。需注意的是，最后一排地板的宽度不能窄于50 mm。安装完毕2 h后才能撤出楔形木块。如图3-20所示。

图3-20 铺设仿实木地板

（5）安装踢脚线。

① 踢脚线的作用有三个，即遮挡地板与墙面之间的缝隙、保护墙脚的卫生和美化空间界面。

② 踢脚线的材质和颜色可根据地板、墙面和门套的情况而定。

③ 依据之前墙脚埋设好的木楔安装踢脚线，横向长度连接可采用45°或垂直相接；转角处无论阳角或阴角，可用配套的转角件连接；如不用转角件，踢脚线的厚度面须做45°连接。如图3-21所示。

图3-21 安装踢脚线

（6）安装压条。

① 在相邻空间的接口处因标高、材质等不同，木地板应断开收口，方法是留10~12 mm的伸缩缝，用收口压条衔接。

② 压条由上下两部分组成，如图3-22所示，有不同材质和断面形状，相邻空间的标高不同就用高低压条，标高相同则用平压条。

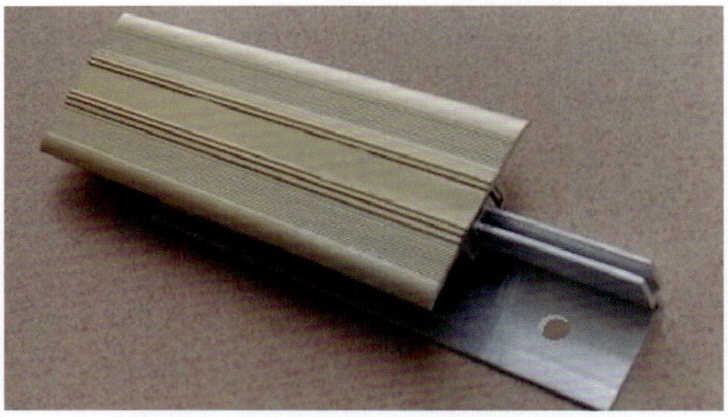

图3-22 金属平压条

③ 安装压条时，在伸缩缝埋入塑料膨胀螺栓，用螺钉将压条的下部分固定在伸缩缝上，再将上部分扣入下部分中，如图3-23所示。

图3-23 门槛处压条

④ 地板铺装完毕后12 h内不能在上面走动，以保证有足够的时间让地板胶黏结，使地面形成整体。

步骤三 仿实木地板安装模拟实训

1. 模拟实训的目的

通过仿实木地板安装的实训，掌握木地板的基本知识和施工流程，借助悬浮安装法举一反三地了解木地板的其他安装工艺。

2. 模拟实训的准备

（1）材料准备：805 mm × 125 mm × 12.2 mm 仿实木地板及其配套踢脚线、地板胶、金属压条、塑料透明胶等。

（2）工具准备：电锤、电圆锯、撬钩、拉线绳、玻璃胶枪、角尺、锤子、木挡板、钢锯、十字螺丝刀等。

（3）场地准备：10~15 m^2 已经找平的地面，平整度误差不超过 10 mm。

3. 模拟实训安排及注意事项

（1）专业老师负责模拟实训的组织。将学生分为若干小组，每个小组 2~3 人，分别负责搬运、墙脚钻孔、清扫、铺防潮层、铺木地板、切割木地板、安装踢脚线、安装压条等。其余学生通过听讲解、观察、问答等形式学习。

（2）为让更多的学生参与到实训过程中，可由一部分人先进行预铺。

（3）必须保证地面干燥，清扫基层时不能洒水。

（4）如果木地板较充足，尽可能保证错缝在一条线上。

（5）塑料板、密度板和木质的踢脚线，都有热胀冷缩的物理性质，踢脚线靠墙端处也要与安装木地板一样，留出 8~10 mm 的伸缩缝。

（6）操作时如需临时踩在地板上，需在地板上铺上包装纸盒等保护好地板。

任务三　花岗岩楼梯踏步铺贴

楼梯是建筑的基本构件，每个踏步由踢面和踏面组成。根据楼梯的结构和所处空间的不同，装修踏步常用的材料有石材板、木板、金属板、地板砖等，花岗岩板是其中的一种。

任务导入：

全过程模拟用花岗岩板铺贴 7~9 步楼梯踏步。

任务分析：

首先学习石材和楼梯的基本知识，了解用花岗岩铺贴踏步的工艺流程和操作要点，然后模拟完成用花岗岩板铺贴踏步的实训。

任务实施：

步骤一　石材板和楼梯

1. 天然花岗岩板和人造花岗岩板

花岗石是一种由火山爆发的熔岩在受到巨大压力的熔融状态下隆起至地壳表层，岩浆不喷出地面，而在地底下慢慢冷却凝固后形成的构造岩，是一种深层酸性火成岩，属于岩浆岩，由长石、石英和云母组成，岩质坚硬密实，一般来说其表面花纹较细密且分布均匀。

天然花岗岩板是天然岩石经过荒料开采、锯切、磨光等加工过程制成的板状装饰面材，具有密度大、硬度大、强度大、耐腐蚀、耐潮湿、耐高温等特点，既可用于室内也可用于室外，是常用的地面和楼梯踏步装修材料，如图 3-24 所示。

天然花岗岩毛石　　天然花岗岩板

图 3-24　天然花岗岩

花岗岩板按照加工工艺及板面装饰效果不同，可分为剁斧板材、机刨板材、粗磨板材和磨光板材，如图 3-25 所示。

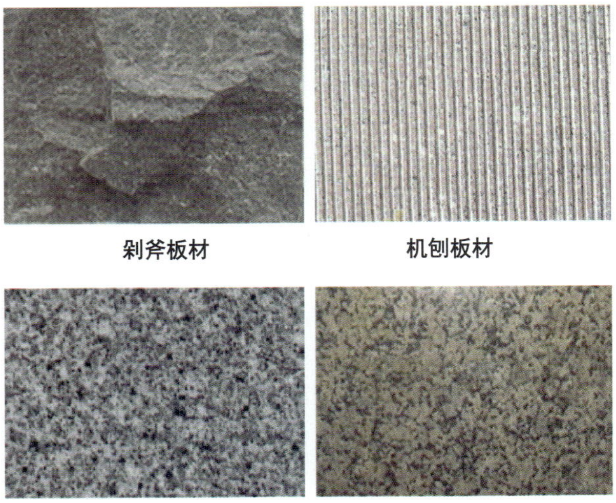

剁斧板材　　机刨板材

粗磨板材　　磨光板材

图 3-25　不同板面效果的花岗岩

剁斧板材其表面经手工剁斧加工，表面质感粗犷，用于防滑地面、台阶、基座等；机刨板材其表面经机械刨平，表面平整，有相互平行的刨切纹，用于与剁斧板材类似的用途，但表面质感更为细腻；粗磨板材其表面经过粗磨，平整但无光泽，主要用于需要柔光效果的墙面、柱面、台阶、基座等；磨光板材其表面经过精磨和抛光处理，表面平整光亮，花岗岩晶体结构纹理清晰，颜色绚丽多彩，用于需要高光泽平滑表面效果的墙面、地面和柱面。

人造花岗岩是以天然花岗石的石渣为骨料制成的板块，加入不同的矿物颜料可制成各种装饰颜色的板材，俗称“染色板”，外观上与天然花岗岩相差无几，其抗污力、耐久性比天然花岗石强，价格也较便宜，如图 3-26 所示。

图 3-26 人造花岗岩板

天然大理石是装修中常用的另一种石材，它由沉积岩和沉积岩的变质岩形成，是石灰石重结晶形成后的一种弱碱性变质岩，通常伴随有生物遗体的纹理，颗粒细腻，硬度较低。和花岗岩相比，大理石的化学成分和形成的地质原理都不一样，其板材色彩鲜明，表面纹理分布不均匀、不规则，硬度较低、抗风化能力差，易失去光泽，装修中一般只能用于室内不能用于室外，如图 3-27 所示。同样，大理石也有人造板，其制作工艺与人造花岗石相类似，价格也差不多，如图 3-28 所示。

图 3-27 天然大理石板

图 3-28 人造大理石板

2. 不同结构形式的楼梯

楼梯是房屋建筑不可或缺的构件，其种类很多，形式各异，可从不同的角度进行分类。譬如，按楼梯的结构不同分为木楼梯、钢筋混凝土楼梯、混合楼梯和金属楼梯等。所谓楼梯的结构是指楼梯的主要承重构件梯梁、梯柱和踏步是用何种材料制成。如图 3-29 所示的木结构楼梯，其梯梁、梯柱和踏步全都是木材；如图 3-30 所示的钢筋混凝土结构楼梯，梯梁和踏步基层为现浇钢筋混凝土，其表面可以铺贴地板砖或花岗岩板，也可以安装木地板，但选用何种装饰材料贴面的问题不属于结构的范畴；如图 3-31 所示的钢和木板混合承重楼梯，梯梁为钢材，木板在此虽然起到一定的装饰作用，但其主要的作用是作为踏步的踏面结构承受活动荷载，采用的是较厚的硬木踏板；如图 3-32 所示的金属结构楼梯，梯梁和踏步均为钢构。

图 3-29 木结构楼梯

图 3-30　钢筋混凝土结构楼梯

图 3-31　混合结构楼梯

图 3-32　金属结构楼梯

楼梯按形式不同可分为直上式楼梯、双折式楼梯、三折式楼梯和螺旋式楼梯等，如图 3-33 至图 3-36 所示。

图 3-33　直上式楼梯

图 3-34　双折式楼梯

图 3-35　三折式楼梯

图 3-36 螺旋式楼梯

在诸多结构和形式的楼梯中，双折式钢筋混凝土结构楼梯最为常见，而此种楼梯的装修方式大多是铺贴花岗岩板。

步骤二 铺贴花岗岩踏步的工艺流程和操作要点

楼梯的每一个踏步都是由踢面和踏面两部分组成，家居中的踏步高度即踢面高度一般设计在 180~200 mm 之间，踏步中心距即踏面宽度一般设计在 230~250 mm 之间。踏步铺贴花岗岩的形式有分色和不分色两种，分色即踏步两端的板与中间的板颜色不同，俗称“圈边”，分色的踏步造型富有变化，但施工工艺要求更高，材料及人工消耗量也更大；不分色即一整块板贯穿踏步，色调单一、简洁明快、整体性更强，且施工效率更高，如图 3-37 所示。

分色的花岗岩踏步

不分色的花岗岩踏步

图 3-37 踏步铺贴花岗岩的形式

1. 分色踏步工艺流程

踏步结构处理→基层处理→铺踏步板→擦缝→贴踢脚线→擦板清扫。

2. 操作要点

（1）踏步结构处理。

① 建筑施工时，现浇楼梯成型后会存在各方面的尺寸误差，主要有：楼梯筒墙面垂直误差、楼梯段的宽窄偏差、楼梯踢面高低不匀、踏面的宽窄不一、休息平台的不规整等问题，在装修前必须全部处理规整。楼梯段踢面和踏面存在误差的现场如图 3-38 所示。

图 3-38 踢面和踏面尺寸存在误差

② 调尺寸误差的要求是：每一级的踢面高度一致，每一级的踏面宽度相同；休息平台处，上下楼梯段第一级踏步的踢面应处在同一直线位置；休息平应规整。

③ 调整尺寸误差的具体方法是：根据建筑图标高尺寸，在结构基层上弹水平线，找出楼梯段第一级踏步踢面的起步位置和最后一级踏步踢面的位置，弹出两点连线，并按踏步步数平均分配，从各分点作垂线，即为各踢面装饰面层线，以此为标志，通过抹砂浆或加砌砖块来调整踢面和踏面尺寸，如图 3-39 所示；上下楼梯段第一级处也是如此调整；休息平台的规整则须对墙面尤其是踢脚线部位进行改造，或增加抹灰或铲除部分原抹灰层。

图 3-39 平分踏面宽度

④ 各方面调整后按照各梯段独立统一尺寸的原则，实地量取各梯段踏步的踏面通长尺寸和踢面的通长尺寸，按有圈边的做法即分色方式将梯段板材分为三段，并计算出花岗岩板的加工尺寸。

⑤ 由于靠楼梯井的圈边石材飘出在外，提醒石材店加工时要求踢面板和踏面板尺寸准确、厚度一致、端部磨边；中间的踢面板四周都不需磨边，但中间的踏面板靠近踢面板方向的长度边也须磨边，如图 3–40 所示。

图 3–40　已磨边的花岗岩踏步板

⑥ 为便于楼梯栏杆的主立杆与踏面连接，主立杆与结构连接固定所需的铁件，或预留或后期钻眼安装膨胀螺栓，相对应的踏板也须开孔。

（2）基层处理。

将调整后的踏步和休息平台上的杂物及灰尘清理干净。

（3）铺踏步板。

① 铺贴之前应先在基层上洒水，保证基层吸水充分并无明水，同时浸板。

② 楼梯铺贴顺序是：整个楼梯间先铺踏步再铺休息平台后贴墙脚的踢脚线；每个梯段由下而上，每一踏步先踢板后踏板。

③ 铺踏步时先铺靠楼梯井的深色圈边板并吊线找直，三块板须做到面平整、边顺直、缝对齐。

④ 踢板采用灌浆法粘贴，也可采用在板的背面开素浆的方法粘贴，浆要饱满密实；踏板可调制 1 ∶ 2 水泥砂浆采用湿铺工艺铺贴，铺贴前在基层上刷一遍稀素浆，再开坐浆，如图 3–41 所示。

图 3–41　已铺贴的梯段

（4）擦缝。

踏步铺贴 24 h 后可进行灌浆擦缝，根据花岗岩板的颜色选择相同颜色矿物颜料和白水泥调成稀水泥色浆，用灌浆壶慢慢灌入板缝中，并用刮板将流出的水泥色浆向缝隙内喂灰。灌浆 1~2 h 后，用棉纱团蘸原稀水泥浆擦缝，与板面擦平，同时将板面上多余的水泥浆擦净。

（5）贴踢脚线。

楼梯间踢脚线的上口有斜直线和直锯齿两种形式，不管采用哪种形式，应先确定踢脚线的出墙厚度，在拟贴部位用水泥砂浆打底，吊通线再贴花岗岩踢脚线。踢脚线贴完 24 h 后也须擦缝。如图 3–42 所示还未擦缝，若用黑色稀水泥色浆擦缝后白色线缝将不会如此显眼。

图 3–42　花岗岩踢脚线

（6）擦板清扫。

踏步铺完后 24 h 内不能踩踏，待踢脚线贴完后的次日先用棉纱擦去局部的砂浆，再用木屑进行整体拖擦，并清扫场地。

步骤三　踏步铺贴模拟实训

1. 模拟实训的目的

通过楼梯踏步铺贴花岗岩板的实训，掌握石材的基本知识，明确楼梯的结构和形式，了解分色踏步铺贴的工艺流程及其操作要点，为日后室内设计中石材的运用和楼梯装修设计服务。

2. 模拟实训的准备

（1）材料准备：花岗石踏板、梯板和踢脚线、水泥、中砂、白水泥、乌黑矿物颜料、标砖、地板砖边角料等。

（2）工具准备：冲击钻、灰线、墨斗、角尺、水平尺、木抹子、铁抹子、钢卷尺、橡胶锤、钢錾子、钢丝刷等。

（3）场地准备：带休息平台并有 7~9 步踏步，楼梯结构可以是现浇钢筋混凝土的，也可以是砖砌的。如条件有限，楼梯可做成如图 3-43 所示的台状，只是没有休息平台和墙面。

图 3-43　某施工实训室楼梯踏步模型

3. 模拟实训安排及注意事项

（1）专业老师负责模拟实训的组织协调，按照工艺流程将学生分为若干小组，分别完成不同任务，但又需相互协作。

（2）采购花岗岩踏步板和踢脚线时应挑选纹理相同、色差和厚薄一致的板材，并在实训现场进行无砂浆排列摆放，确定方案后对每块板逐一进行编号。

（3）梯段分色板缝应吊线对齐，不能出现错缝现象。踏步两端的圈边板也应在一条线上，若出现凹凸情况要及时作调整。

（4）若踢板采用自重灌浆法，须先用木条临时固定踢板并保持垂直，踢板背面与基层之间的空隙应留出 20 mm 左右的灌浆缝，用扁口漏斗浇灌水泥砂浆。如果砂浆自流性不够，要随时用木条插挤砂浆，保证其密实性。临时固定木条在养护期内不得拆除。

（5）分色铺贴中同一平面的三块板应相互紧密，缝宽要保持一致。

项目四 墙面装饰施工

知识点：

室内墙面装饰常用材料；墙面装饰施工工艺；室内墙面装饰操作要点

技能点：

任务一 背景墙瓷砖粘贴
任务二 墙纸裱糊

任务一 背景墙瓷砖粘贴

墙面是家居中装修面积最大且最容易看到的界面，占装修造价的比例较大。家装中最能体现业主个性和装修特点的也是墙面。背景墙的重点是电视背景墙、沙发背景墙、餐桌背景墙和床头背景墙等。好的背景墙能营造家居的氛围，提升家居的品位。

任务导入：

在装饰施工技术实训室全过程模拟制作 8 m^2 左右的艺术瓷砖背景墙。

任务分析：

全面了解现行常用背景墙材料的基本知识，明确镶贴背景墙瓷砖的工艺流程和操作要点，再通过模拟实训完成艺术瓷砖背景墙的镶贴任务。

任务实施：

步骤一 常见背景墙材料

家装传统背景墙制作工艺有两种，一是木龙骨上铺垫层板，垫层板上粘钉木饰面板，再用清漆罩面，其间可配以金属、玻璃、墙纸、射灯等为点缀。这种背景墙木材用量较多，安装时对墙体有一定的损坏，防火性能较差，板材和油漆中的有害气体会降低室内空气的质量，目前家装已基本上不做这种背景墙，如图 4–1 所示。

图 4–1 木面板罩清漆的背景墙

另一种传统背景墙其前几个步骤基本相同，只是不用木饰面板和油漆，而是用纸面石膏板安装在垫层板上，之后刮内墙腻子，再刷上乳胶漆，同样也可配上金属、玻璃墙纸、射灯等作为点缀。这种背景墙木材用量更少，防火性能比前一种稍好些，有害气体也更少，但安装时对墙体同样有一定的损坏。目前家装还有做这种背景墙的，如图 4–2 所示。

图 4–2 纸面石膏板刮仿瓷刷乳胶漆的背景墙

科技的进步促使新材料和新工艺层出不穷，现如今市场上有很多背景墙材料，不需要和传统背景墙那样从龙骨架到垫层再到面层都由人工现场制作，只需按照设计要求将其进行拼装、裱贴和涂印，制作更简便，颜色更丰富、造型更美观，给家居背景墙装修提供了更多选择的空间。目前比较流行的背景墙材料主要有：背景墙瓷砖、生态木、液体墙纸、真石漆、艺术玻璃、文化石、砂岩浮雕、聚氨酯模块、硅藻泥、墙衣、墙绘等。

1. 背景墙瓷砖

背景墙瓷砖又称艺术瓷砖，是指通过特殊印制工艺将图案印在瓷砖上的一种瓷砖。作为背景墙的艺术瓷砖和普通墙面瓷砖主要有两个不同，一是背景墙瓷砖表面的艺术感更强，拼贴在一起可构成一幅完整的画面；二是背景墙瓷砖不是用砂浆而是用瓷砖胶镶贴在墙上。瓷砖胶又称陶瓷砖黏合剂，主要用于粘贴瓷砖、面砖、地砖等装饰材料，具有黏结强度高、耐湿润、耐寒冻、耐老化等良好性能，且施工方便，是一种非常理想的黏结材料，如图 4-3 所示。

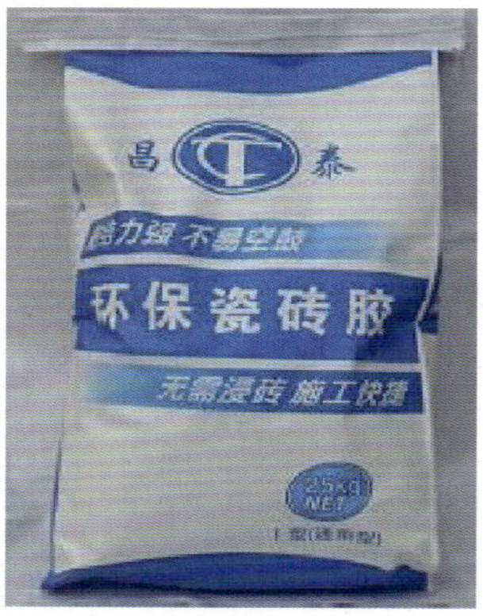

图 4-3 瓷砖胶

艺术瓷砖主要用于客厅和餐厅的背景墙，图 4-4 所示是一幅艺术瓷砖样品，整体为 4200 mm × 2400 mm 的墨竹图案，纵向 4 块，横向 7 块，单块规格 600 mm × 600 mm。图 4-5 为某居室的沙发背景墙，设计独到、施工精细，充分利用了艺术瓷砖的装饰效果，营造出非常好的居室氛围。

图 4-4 艺术瓷砖整体拼图及其单块样式

图 4-5 艺术瓷砖沙发背景墙

2. 生态木

生态木是将树脂、木质纤维材料和少量高分子材料按一定比例混合，经高温、挤压、成型等工艺制成的具有一定形状的新装饰材料，是近年来国际上技术领先的环保木塑产品。由于生态木中木粉含量达到 70%，几乎完美地再现了木材的天然质感，如图 4-6 所示。

图 4-6 生态木型材

生态木具有很多优良特性。虽然是“木”，但又能够有效地除去天然木材的自然缺陷，具有防水、防蛀、防腐、防火、保温、隔热等特点，由于添加了光与热稳定剂、抗紫外线和低温耐冲击等改性剂，产品具有很强的耐候性、耐老化性和抗紫外线性能，可长期使用在室内、室外、干燥、潮湿等恶劣环境中，不会产生变质、发霉、开裂、弯曲、脆化。如图 4-7 所示。

生态木可实现节能环保。因生态木是采用挤压工艺制造而成，所以可以根据需要对产品的色彩、尺寸、形状进行控制，真正实现按需定制，最大程度降低使用成本，节约森林资源；生态木几乎不含对人体有害的物质和挥发性毒气，经有关部门检测，其甲醛的释放只有 0.3 mg/L，大大低于 1.5 mg/L 的国家标准，是一种真正意义上的绿色合成材料；还有，生态木中的木质纤维和树脂都可回收重复利用，是真正可持续发展的新兴产业。

图 4–7　生态木电视背景墙

生态木的加工性能良好。由于生态木的主要成分是木、碎木、渣木等纤维原料，物理性能与实木一样，能够对其进行钉、钻、磨、锯、刨、漆等加工。生态木都已型材化，加工和安装都非常便捷，施工效率高，材料损耗率比实木要低很多，施工成本也较低。

3. 液体墙纸

液体墙纸又称液体壁纸、壁纸漆、墙纸漆、壁纸涂料等，是集墙纸和乳胶漆的优点于一身的水性涂料。

液体墙纸的施工过程比较简单。墙面刮白色的仿瓷涂料，并用砂纸打磨平整后作基层，按所需颜色将水性颜料加入多功能复合涂料中调制底料并做底涂，然后选择预定花型的滚动印模及其面料进行面涂。一般需要两遍以上才能成形，如果图案较复杂、颜色较多，则滚涂遍数更多。

液体墙纸的装饰效果多样。液体墙纸的面涂色彩丰富，花样繁多，风格各异，涂膜平整光滑、质感细腻，不同角度观看会呈现不同的颜色效果，有的面涂具有丝绸光泽和立体质感，如图 4–8 所示。

液体墙纸性能上具有很多优点。液体墙纸虽然是水性涂料，却具有良好的防潮、抗菌性能，不会生虫；液体墙纸不易老化，抗污性强，能用清水或洗涤剂擦洗，不开裂、不起皮、不脱落，使用寿命长，正规的液体墙纸能保持 20 年不变色；液体墙纸二次装修方便，大多数情况下只需在原涂层上直接重新滚涂即可焕然一新；液体墙纸每平方米的造价成本较低。

图 4–8　液体墙纸样式

液体墙纸是绿色环保涂料。现场施工时底料和面料都无需使用 107 胶和聚乙烯醇等，所以不含铅、汞等重金属及醛类物质，从而做到无毒、无污染；液体墙纸还利用了纳米材料的光催化功能，起到净化空气、去除异味、降解装修污染的作用。

总之，液体墙纸是一种具有各种优异性能的高级绿色环保内墙涂料，广泛用于家庭、办公室、学校、酒店、宾馆等场所，装饰效果得到设计界的认可并受到业主的青睐，如图 4–9 所示。

图 4-9 液体墙纸餐厅背景墙

4. 真石漆

真石漆是一种装饰效果酷似天然石材的复合水性涂料，主要由高分子聚合物、天然石粉砂和相关助剂调制而成。真石漆干结固化后坚硬如石，具有天然真实的自然色泽，非常像天然的石材，按分格做仿真砖也很像，如图 4-10 所示。

图 4-10 真石漆样式

真石漆无毒无味，附着力强，永不褪色，并具有防火、防水、耐酸碱、耐污染、耐擦洗、耐寒冻等性能，广泛用于室内外墙面装修，尤其适用于弯曲墙面和高纬度寒冷地区外墙的装修。

真石漆施工简便，干硬时间短，大致的施工流程是：用洗涤灵或碱液将表面的浮尘、油污进行彻底清洗，必要时可用高压水枪进行冲洗；对墙面上的局部损坏部位进行修补；再用专用的柔性瓷砖翻新腻子批刮，找平墙面；待腻子完全干透后，依次涂刷封闭底漆、真石漆主材和罩面漆。

如图 4-11 的电视背景墙，用真石漆模仿制作一巨型岩石片，花型凌乱，但乱中有序，质感强烈，自然粗犷。

图 4-11 真石漆电视背景墙

5. 艺术玻璃

艺术玻璃是指经过了二次艺术加工的玻璃，是一种广泛用于室内墙面的装饰材料。普通玻璃经过雕刻、沥线、凹蒙、乳玉、热熔、贴片、彩色聚晶、物理暴冰、磨砂乳化等艺术手法，可制造出种类繁多的艺术玻璃。

艺术玻璃包括装饰玻璃、彩印玻璃、彩釉钢化玻璃、彩绘玻璃、喷砂玻璃、玻璃马赛克、冰裂玻璃、压花玻璃、雕刻玻璃、热熔玻璃、琉璃玻璃、立线彩晶玻璃、金银质感玻璃、砂雕艺术玻璃、景泰蓝玻璃、乳画玻璃、水珠玻璃、污点艺术玻璃、英式镶嵌玻璃等 20 多个品种，规格多样，款式丰富，为背景墙的装饰提供了诸多选择。图 4-12 所示为艺术玻璃中的部分品种。

不同品种的艺术玻璃其安装工艺大致分为三种：玻璃胶粘贴、镜钉钉固、卡槽固定，或三种工艺综合运用。图 4-13 为某家居电视背景墙，其生产工艺采用的是雕刻和彩绘相结合的手法，整个背景墙中间的玻璃采用玻璃胶粘贴工艺，靠近四周的玻璃除用玻璃胶粘贴外，还借助于边框的面板或者阴角线进行卡护。

图 4–12　艺术玻璃样式

图 4–13　艺术玻璃电视背景墙

艺术玻璃的装饰效果毋庸置疑，而且具有耐擦洗、不褪色、易安装、防火性能好等特点。但玻璃毕竟是一种易碎材料，堆放和搬动时都必须立起来，以免破损。另外，出于安全考虑，如果家中有幼儿、儿童或老人，也应不用或少用玻璃制品做装饰。

6. 文化石

文化石并不是一种地质学意义上的石材，本身也不附带某种文化含义，人们之所以将其称为“文化石”，主要是因为它能充分展现石材质感的内涵与艺术性，迎合了人们崇尚自然、返璞归真的文化情愫，室内装修中用文化石做背景墙，使墙面极富立体效果，确实能体现出美观与实用的互动，增加室内气氛，透出一种文化韵味和自然气息，如图 4–14 所示。

图 4–14　文化石电视背景墙

文化石可分为天然文化石和人造文化石两大类，如图 4–15 所示。天然文化石从材质上可分为沉积砂岩和硬质板岩，均开采于自然界的石材矿，材质坚硬、色泽鲜明、纹理丰富、风格各异，具有抗压、耐磨、耐火、耐寒、耐腐蚀、吸水率低等特点。

图 4–15 天然和人造文化石样式

人造文化石产品是以硅钙、石膏、浮石、陶粒等无机材料经过专业加工精制而成，它模仿天然石材的外形纹理，具有质地轻、色彩丰富、环保节能、不霉不燃、强度高、抗融冻、无放射性、便于安装等特点。

文化石安装简单，但要求基层较粗糙，最好先用木抹子抹一遍水泥砂浆，收抹为水平方向以增加粘贴力。正式粘贴前须在地上预排并作调整，要求错落有致、自然成趣，如图 4–16 所示，同时在墙上喷水，确定预排方案后用 1 ∶ 1 水泥砂浆或石材黏结剂直接粘贴在基层即可。

图 4–16 粘贴方案预排

值得一提的是，有种和文化石名称相类似的装饰材料叫文化砖，它是由瓷土烧制而成的一种贴面类瓷砖，花色繁多，规格各异，表面大多数都仿照砖石做成较粗糙的质感，一般用素浆粘贴，粘贴形式或密缝或离缝，或对缝或错缝，常见于室内外墙面装修，如图 4–17 所示。

图 4–17 文化砖样式

7. 砂岩浮雕

砂岩又称砂粒岩，属于沉积岩，是由矽土等颗粒凝聚结晶所构成。其形成的地质机制是石粒经过水冲蚀沉淀于河床上，经历千百年的堆积变得坚固而成。砂岩表面无光泽，为亚光石材，也是天然的防滑材料，是一种零放射性石材，对人体无害，适合于做墙面和地面的装饰材料。将砂岩切割成板块并在其表面做凹凸起伏的艺术雕刻就是砂岩浮雕。

按颜色和纹理不同，砂岩主要分为四个品种，即白砂岩、黄砂岩、木纹砂和山水纹砂。不同品种因势就形，可打造出自然天成、精美绝伦的砂岩雕刻。图

4-18 所示为砂岩浮雕样品。砂岩因其内部空隙率大，具有吸声、吸潮、防火、耐用等特性，适用于具有装饰和吸声要求的影剧院、体育馆、饭店等公共场所，可替代传统的吸声板、软包等装饰。砂岩浮雕大多为暖色调风格，很多砂岩浮雕的图案内容充满文化内涵，若家居装修使用砂岩浮雕板做背景墙，立体感十足，既彰显素雅与温馨，又不失华贵与大气，可极大地提升居室空间的品位，如图 4-19 所示。

图 4-18　砂岩浮雕板样式

图 4-19　砂岩浮雕电视背景墙

砂岩浮雕的安装方法有两种，即干挂法和直接安装法。

对于安装高度超过 2 m 或者是较大、较重的砂岩浮雕板采用干挂法，大致流程是：在墙面上画线，确定总界面和每一块的位置；墙上有预埋件的可焊接角码、主龙骨、次龙骨，用金属挂件安装；没有预埋件可使用化学锚栓安装主龙骨，然后安装次龙骨；用金属挂件安装人造砂岩；最后用膏泥密封缝隙。

对于安装高度不超过 2 m 的砂岩浮雕板采用粘贴法，大致流程是：在墙面上放线，确定总界面和每一块的位置；拌和胶黏剂；用齿形抹刀在砂岩板背面抹好胶，并从下至上粘贴在放好线的墙面上；待干燥后再用膏泥美化缝隙。

8. 聚氨酯模块

聚氨酯模块也被称为“聚氨酯彩雕模块”，是以聚氨酯为主要原料经倒模成造型和彩印工艺制成的一种新型墙面装饰材料，如图 4-20 所示。该材料质地轻巧，色彩亮丽，图案多样，具有浮雕效果，非常适合于制作家居背景墙，如图 4-21 所示。

聚氨酯彩雕模块出厂时被制作成单个元素块，安装时可按一定形式排列粘贴，既可单独悬挂，又可多个元素块组合。

聚氨酯彩雕模块的安装工艺比较简单，可直接粘贴在墙壁上，也可安装在一定面积的龙骨架或单独的支架上，通常是按照室内设计要求提前预订好品种、规格和数量，待整个装饰工程接近尾声时由经销商上门提供安装服务。

图 4–20 聚氨酯彩雕模块样式

图 4–21 聚氨酯彩雕模块沙发背景墙

9. 硅藻泥

硅藻泥是一种以硅藻土为主要原材料，添加多种助剂的粉末状装饰涂料，因这种粉末加入清水搅匀后像泥一样，故而称为硅藻泥，如图 4–22 所示。

图 4–22 硅藻泥

硅藻是海洋中重要的浮游植物，分布极其广泛。经过漫长的年代，那些在海底沉积下来的以硅藻遗骸为主要成分的硅质沉积层，逐渐形成了经济价值极高的硅藻土，浩瀚的海洋底部到处都有取之不尽的硅藻土。

硅藻泥是一种新型墙面涂料，具有以下特点和性能：健康环保、呼吸调湿、吸音降噪、墙面自洁、质感厚重、隔热保温、调节室内光环境等。

硅藻泥粉体加清水搅拌成泥，结合人的想象，可营造出肌理丰富、质感厚重、清新自然的饰面效果。

和传统的墙纸和乳胶漆不同，硅藻泥可塑性很强，通过不同的工具及工法可做出不同的肌理图案，刮涂、弹涂、辊涂、刷涂均可，颜色也可根据需要调制；或几种工法结合，或涂抹顺序变化，或分遍分层，制作出来的图案立体感强、千变万化、丰富多彩，如图 4–23 所示。

图 4–23　硅藻泥图案样式

硅藻泥墙涂的工艺流程如下：

① 搅拌涂料：在搅拌容器中加入施工用水量 90% 的清水，然后倒入硅藻泥干粉浸泡 5~10 min，再用电动搅拌机搅拌约 10 min，搅拌同时用另外 10% 的清水用于调节施工黏稠度，充分搅拌均匀后方可使用。

② 分遍涂抹：第一遍涂抹厚度约 1.5 mm；50 min 后再涂抹第二遍，第二遍的涂抹厚度约 1.5 mm。两遍之间的间隔时间视现场气候情况而定，以表面不粘手为宜，若有露底的现象应及时用料补平，两遍的总厚度在 1.5~3.0 mm 之间。

图 4–24　硅藻泥辊模

③ 制作肌理图案：根据现场环境掌握干燥时间，依据工法制作肌理图案。图 4–24 所示为辊涂法所用的辊模及其制作效果。

④ 压实收光：肌理图案制作完后，用收光抹子沿图案纹路压实，速度和力量都要适中，以保证收光后整体效果，如图 4–25 所示。

图 4–25　硅藻泥电视背景墙

10. 墙衣

墙衣既不是墙纸，也不是涂料，是以天然木纤维、竹纤维、天然棉质纤维、合成纺织纤维、纸浆颗粒、金葱粉、云母片、水溶性植物胶和装饰性辅料为原料并经过特殊工艺处理而制成的一种全新的内墙装饰材料。通俗地说，墙衣就是用纤维给墙面编织的一件有浮雕感的衣裳，如图 4–26 所示。

墙衣不含甲醛、VOC、重金属等有毒有害成分，具有低碳、防潮、防火、防尘、隔声、隔热、调节空气湿度等产品性能。

墙衣具有乳胶漆和墙纸所不具备的工艺特点，不开裂、不脱落、易清洁、不褪色、无接缝、不翘边、寿命长，并可进行局部无缝修补。

墙衣的工艺流程如下：

① 普通墙面先用丙烯酸酯类防水涂料做防水处理；如果是用石膏板安装在龙骨结构上的轻质隔墙，还须经特殊防水、防锈处理。

② 防水处理后的墙面应干透、洁净、平整。

③ 混合后的墙衣半成品应放置 1 h 后再使用，过早使用会降低产品的黏结强度及施工的流动性。使用前须再次充分搅拌，确保无结块。

④ 将搅拌后的半成品用手或塑料抹刀托压在墙面上并抹开，再用专用辊刷滚匀，厚度以 1~2 mm 为宜，

如图 4-27 所示。

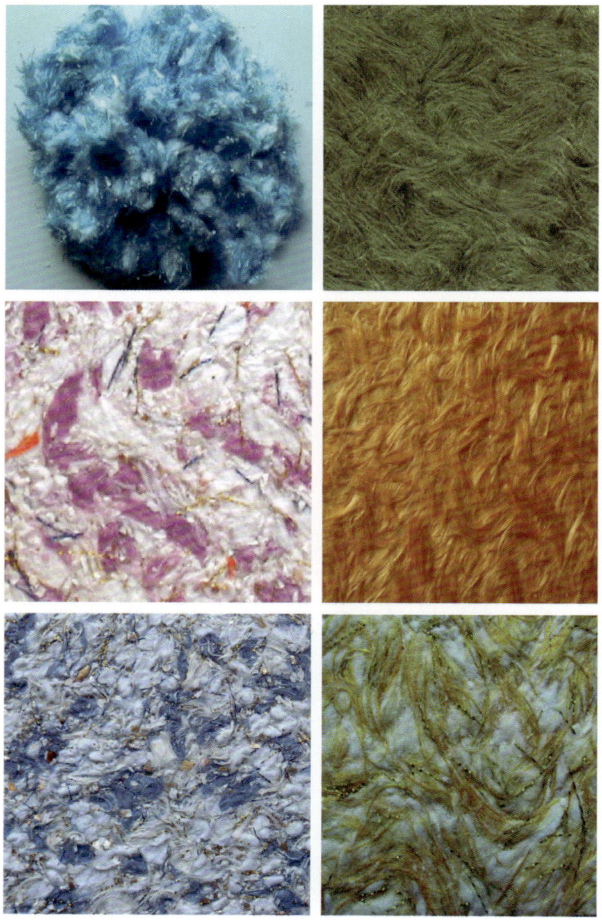

图 4-26　墙衣的纤维原料和装饰样式

图 4-27　滚压墙衣

⑤ 辊均匀后用辊刷进行梳理，保证混合料展现出完整、均匀的效果。

⑥ 一般经过 24~48 h 后墙衣干结了即可正常使用。

⑦ 对于墙面的阴角与阳角，可借助塑料刮板刮涂定型，刮压均匀后辊刷梳理，同样要保证混合料展现出完整、均匀的效果，使阴阳角与其旁边浑然一体。

墙衣具有独特的纹理质感和立体浮雕感，款式新颖，品质高雅，主要适用于做各种背景墙。墙衣充分满足了现代人对绿色家居和个性化生活的追求，提供了一种独特而时尚的装修理念和视觉效果，如图 4-28 所示。

图 4-28　墙衣电视背景墙

11. 墙绘

墙绘是墙体彩绘的简称，是指在白色墙面上手工绘制图案的一种装饰形式。在时下各种墙面装饰材料层出不穷、让人应接不暇的情况下，以花木藤蔓为主要题材、运用灵活、可选性大、简练生动、美观大方、造价低廉的墙体彩绘深受广大业主尤其是年轻人的喜欢。

墙绘使用的是丙烯颜料，与油画颜料相比，丙烯颜料有以下特点：无毒性，可用水稀释，既能作水彩又能作水粉用，利于清洗，干燥时间短，成膜层有弹性且不渗水、不脆化，色度饱满而鲜润，制作方便，着色层不存在吸油发污现象，作品持久性较长，如图 4-29 所示。

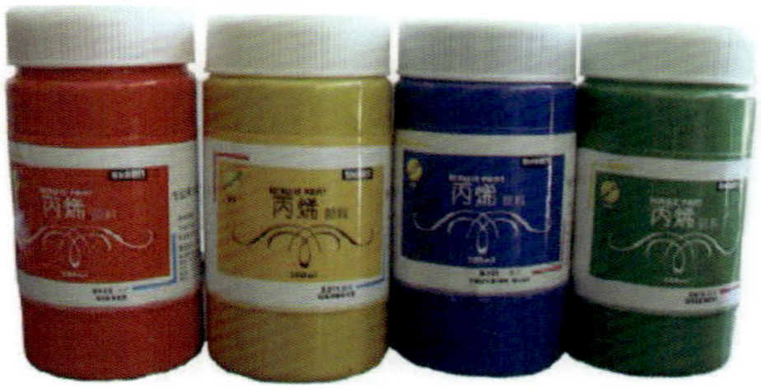

图 4-29　丙烯颜料

但是，家装丙烯画应在丙烯底涂料制作的底子上绘制，不要用油质底子作画，尤其不要在丙烯底子上画油画，目的是让作品能长久保存。

墙绘的工艺流程简要如下：

（1）创作或选择好手绘的图案，在墙面上用粉笔或铅笔画好草图。

（2）用排笔将画好的草图轻轻扫淡些，不论图案简单还是复杂，如图 4–30 所示，都只要保留痕迹即可。

图 4–30　简单的和复杂的墙绘

（3）根据图案线条的粗细和色面的大小，分别使用大中小号的毛笔或排笔涂颜料。作画时若颜料太稠，要适量加点稀释剂。

图 4–31　墙绘在局部墙面和开关处的运用

墙绘不仅可以绘制在客厅、餐厅、卧室等大面积墙面上做背景墙，也可绘制在小面积的墙柱面上，甚至还可绘制在开关插座等边上作为点缀，以活跃空间气氛，如图 4–31 和图 4–32 所示。

图 4–32　墙体彩绘沙发背景墙

步骤二　背景墙瓷砖镶贴的工艺流程和操作要点

1. 工艺流程

墙面处理→拼贴预排→墙面吊线→调制瓷砖胶→粘贴瓷砖→粘贴压条→勾缝擦缝→洁面清理。

2. 操作要点

（1）墙面处理。

若墙面平整度存在问题，将墙面润湿，用 1 ∶ 2 水泥砂浆找平，阴阳角找方，墙面设置标筋，分层赶平，用木抹子使之表面粗糙，用 2 m 靠尺检验平整度，误差不得超过 3 mm，如图 4–33 所示。待墙面干燥后，刷二遍防水涂料，如图 4–34 所示。

图 4–33　用靠尺检查平整度

图 4–34　防水涂料

（2）拼贴预排。

艺术瓷砖上墙前先在较为平整空阔的地面上拼图预排，以确定粘贴在墙面的界面尺寸、粘贴顺序、边框处理方案等。

（3）墙面弹线。

为便于控制粘贴质量，应在墙面吊十字线，墙面较大时可多吊 1~2 根。

（4）调制瓷砖胶。

按照每 5 kg 瓷砖胶加 1L 水的比例将瓷砖胶和水倒入干净的桶中，搅拌均匀至无粉团状后停 5 min 再搅拌几下，以增加其强度。调制好的瓷砖胶须在 4 h 之内用完，否则粘贴强度会下降，如图 4-35 所示。

图 4-35　调制瓷砖胶

（5）粘贴瓷砖。

用齿形刮板将瓷砖胶抹在墙面上，如图 4-36 所示，要抹得均匀，每次抹 1 m² 左右，瓷砖不用浸水可直接揉压在瓷砖胶上。如果瓷砖背面沟鼓较深时，背面也须抹胶，可增加胶粘面积以保证黏结牢固。从底部第一排贴起，依次按瓷板背面编号粘贴。第一排的粘贴质量直接关乎整个背景墙的质量，为保证第一排平正，应在其下沿垫长木条或长铝型材扁管并找水平。

图 4-36　在墙面上抹瓷砖胶

（6）粘贴压条。

背景墙瓷砖画面四周需用压条收口或压边。收口材料有不同材质，如陶瓷压条、画框线、不锈钢线、木线、大理石压条等，具体采用何种材料和形式收口，要根据背景墙的整体设计而定。

（7）勾缝擦缝。

背景墙瓷砖有密缝和离缝两种，拼图瓷砖一般都采用密缝，密缝只需擦缝。无拼图瓷砖可密缝也可离缝。若采用离缝形式，先勾缝再擦缝，同时须用瓷砖十字架来保证缝隙的均匀，如图 4-37 所示。

图 4-37　瓷砖十字架

（8）洁面清理。

瓷砖正面粘有瓷砖胶时不能马上去擦，过 3~5 h 待瓷砖黏结比较牢固后再用湿棉布慢慢地轻擦，直到擦干净为止，不可使用干布以免损坏画面。粘贴完成后即形成一幅完整的瓷砖背景墙，如图 4-38 所示，最后应及时清理场地。

图 4-38　艺术瓷砖电视背景墙

步骤三　粘贴瓷砖背景墙模拟实训

1. 模拟实训的目的

背景墙瓷砖从以前单一的颜色演变成现在颜色丰

富、风格各异的艺术瓷砖，用艺术瓷砖制作背景墙是当今流行的一种装饰手法，通过实训可掌握艺术瓷砖的基本知识和工艺流程，对背景墙有更深刻的认识。

2. 模拟实训的准备

（1）材料准备：600 mm × 600 mm 艺术瓷砖、瓷砖胶、填缝剂、瓷砖十字架、画框线、水泥、砂子等。

（2）工具准备：石材切割机、电锤、水平尺、齿形刮板、水桶、灰线、橡胶锤、平直的长木条等。

（3）场地准备：墙面平整，面积不小于 10 m^2。

3. 模拟实训安排及注意事项

（1）专业老师负责模拟实训的组织。将学生分为若干小组，每个小组分别负责墙面处理、拼贴预排、墙面吊线、调制瓷砖胶、粘贴瓷砖、安装画框线、勾缝和擦缝、洁面清理等。其余学生通过听讲解、观察、问答等形式观摩学习。

（2）瓷砖是易碎品，搬运和堆放都须竖向，不能平向，落地时不能碰坏边角。

（3）拆开包装，在单片搬移时注意勿使砖角划伤其他砖面的图案。

（4）安装前不要撕掉保护膜，搬移单块砖时应避免两块砖之间的摩擦。

（5）粘贴的时候，需敲击砖面时要用木板垫在瓷砖的表面，不可直接敲砖面。

（6）勾缝和擦缝时用力不能过大，以免划伤瓷砖的画面。

（7）瓷砖全部粘贴完毕后也不要当即揭开保护膜，应等到所有装修项目都完成和整体搞清洁时再撕掉瓷砖上的保护膜。

（8）撕保护膜时应先慢慢地把四个边的保护膜拉起，然后从任意一边慢慢撕开。撕开时用力要缓慢、均匀，以免受力不均粘掉瓷砖表面的图案保护层。

任务二 墙 纸 裱 糊

墙纸也称为壁纸，是一种应用相当广泛的室内墙面装饰材料。因墙纸具有色彩多样、图案丰富、豪华气派、健康环保、施工方便、价格适宜等多种其他内墙装饰材料所无法比拟的特点，而被广泛用于住宅、办公室、宾馆等。据国际墙纸制造商协会 2022 年公布的数据，室内装修中墙纸的使用率在欧美国家为 80% 左右，东南亚、俄罗斯和日本的使用率接近 100%，而在中国还不足 10%，主要原因在于经济水平和装修观念的差别。

任务导入：

在装饰施工技术实训室全过程模拟裱糊 10 m^2 左右的墙纸。

任务分析：

学习墙纸的基本知识，了解墙纸裱糊的工艺流程和操作要点，并通过模拟墙纸裱糊的实训进一步加深对墙纸在室内设计中的运用及其装饰效果的了解。

任务实施：

步骤一　墙纸、墙纸胶和裱糊工具

1. 墙纸

墙纸通常是用漂白化学木浆生产原纸，再经过涂布、印刷、压纹、覆塑、裁切、包装等工序的处理而制成。墙纸出厂时为卷筒形状，为便于消费者选购，款式多以影集本形式供消费者观看和选择，如图 4–39 所示。

图 4–39　墙纸成品和款式本

墙纸一般由基层和面层两层组成，通常意义上的墙纸是纸基，但面层有不同的材质，墙纸的名称也是根据面层来命名，常见的有树脂类墙纸、木纤维类墙纸、纯纸类墙纸、无纺布类墙纸、织物类墙纸、发泡墙纸等，如图 4–40 所示。

图 4-40 墙纸样式

墙纸常见的规格有小幅、中幅和宽幅三种。小幅墙纸宽 53 cm，长 1000 cm，此类墙纸运输方便，施工简单，欧美国家比较流行。中幅墙纸宽 92 cm，长 5000 cm，在韩国和日本非常流行，一个房间正好用一卷纸可以贴完。宽幅墙纸宽 106 cm，长 1500 cm，这类壁纸的特点是接缝较少，施工效率高，适合空间较大的房间使用。

2. 墙纸胶

墙纸胶是裱糊墙纸的辅助材料，市场上通常有粉状和胶状两种形式，粉状的一般是盒装或袋装；胶状的一般是瓶装或桶装。粉状的须加水搅拌成胶状才能使用，而胶状的可直接使用，当然，若过稠时也可适当加水。墙纸胶如图 4-41 所示。

图 4-41 墙纸胶

3. 裱糊墙纸的工具

相对于其他施工项目来说，裱糊墙纸所需工具比较简单，不需要机具，全部是手工操作，劳动强度也比较低。贴墙纸常用的工具有：胶辊、阳角压辊、阴角压轮、胶刷、平整刷、卷尺、直尺、铅笔、裁纸刀、注射器、白毛巾、切割导尺、硬软刮板，如图 4-42 所示。另外，还需一个调制胶水的水桶和一块便于裁纸和刷胶的长木板。

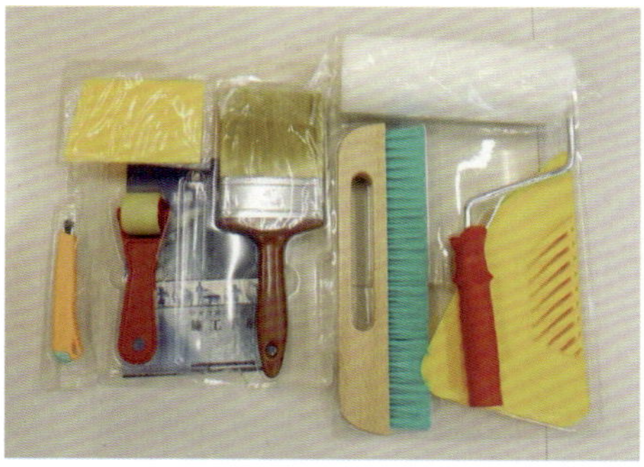

图 4-42 部分裱糊工具

步骤二 墙纸裱糊的工艺流程和操作要点

1. 工艺流程

基层处理→刷防潮漆→调制胶液→分幅弹线→裁切墙纸→刷墙纸胶→粘贴墙纸→细部修整。

2. 操作要点

（1）基层处理。

基层处理的好坏直接影响墙纸的装饰效果。贴墙纸的基层总体要求是应干净、平整，阴阳角应顺直，但不同材质的基层其处理情况有所不同。

对于抹灰基层，先将墙面清扫干净，含水率不得大于 8%。因水泥有碱性，须用 9% 的稀醋酸中和后用清水冲洗干净，将表面裂缝、坑洼不平处用腻子找平和打磨。抹灰基层根据其平整度来确定刮腻子遍数。

对于木基层，含水率不得大于 12%，表面有钉帽处须先将钉帽沉于木表内，用油腻子填平防止生锈而污染表面，木质表面的缝隙和不平部分必须用腻子填补刮平，再用砂纸打磨，直至表面平整，如图 4-43 所示。

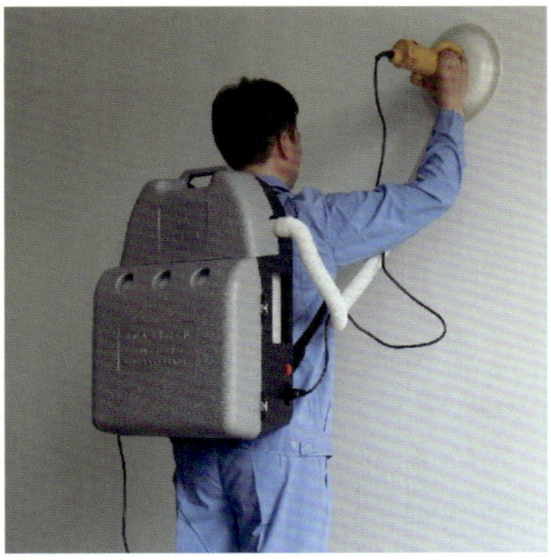

图 4-43　基层打磨

对于纸面石膏板基层，其含水率不得大于 15%，表面的石膏螺钉帽须沉于石膏板表面以下，板边不能有拱起或松动，接缝处要用专用的防裂宝之类的强力胶进行处理，并用接缝绷带贴牢，再在表面刮腻子打磨至平整。

（2）刷防潮漆。

不论哪种材质的基层，基层处理完毕后将环保硝基清漆和稀释剂按照 1 ∶ 3 的比例调制，用滚筒涂刷墙面一遍，以起到防潮的作用，待漆面干后方可贴墙纸。

（3）调制胶液。

用墙纸粉调配胶液时，先在桶中按说明倒入规定数量的清水，慢慢加入墙纸胶粉，并顺着同一个方向搅拌均匀，如图 4-44 所示。为避免出现结块和颗粒，调好后须过 20 min，让墙纸粉充分溶解成糊状后方可使用。判断胶液黏度的标准很简单，用一支竹筷子垂直插入胶液中，筷子不倒即为合适的黏度；如果是墙纸胶，先将墙纸胶倒入桶中，再加入适当的清水搅拌均匀即可。

（4）分幅弹线。

从正墙面的一端墙角起按墙纸幅面宽度依次排出幅数，要考虑阳角处应包角、阴角处要搭接等因素，按分幅计划在墙面上弹垂直线，逐一编号注明，作为粘贴墙纸的基准线。

图 4-44　用墙纸粉调制胶液

（5）裁切墙纸。

墙纸开箱后先要确认墙纸型号正确无误，并且是同一个批次的，按卷号依次排列。还要认真阅读箱中附带的施工说明书，看清是否有对花要求。

以踢脚线的顶端为起点，用钢卷尺量出墙身的高度，如图 4-45 所示。应按墙面的高度和拼花的要求来确定裁纸高度，裁纸高度一般要比实际需要高度多留出 20~30 mm 的余量，以便上下修正，如图 4-46 所示；有明显拼花图案的应先拼花后再裁切，同时在纸背标明方向、依次做拼接标记；如果图案的单元比较大，裁切时一定要留出一个图案的单元长度。

图 4-45　测量墙面高度

图 4-46　裁纸高度要留有余量

裁纸前需准备一个相当于墙纸裁切长度的木板做操作平台，比如用 1~2 张厚度 15 mm 或 18 mm 的夹芯板即可，如图 4-47 所示。在平台板上铺上干净的纸张，以备裁纸和刷胶时使用。将裁好的墙纸依次编上号码，呈 S 形平放待用，如图 4-48 所示。

图 4-47　操作平台

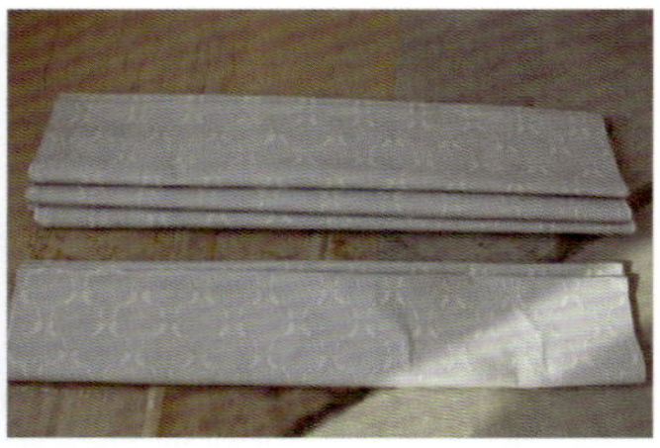

图 4-48　裁好的墙纸呈 S 形平放

（6）刷墙纸胶。

刷胶是墙纸粘贴的关键环节，为保证粘贴的牢固性，墙纸背面及墙面都应刷胶，如图 4-49 所示。将裁好的墙纸背面朝上放平，用大扁毛刷或滚筒均匀涂刷，并按上部三分之一、下部三分之二的比例，将胶面对胶面折叠后等待 5~10 min，让胶液充分渗透基纸，以达到充分软化基纸的目的，如图 4-50 所示。还有一种工艺是，将墙纸放于清水中浸润，从水中取出放置 10 min 晾干后再刷胶。

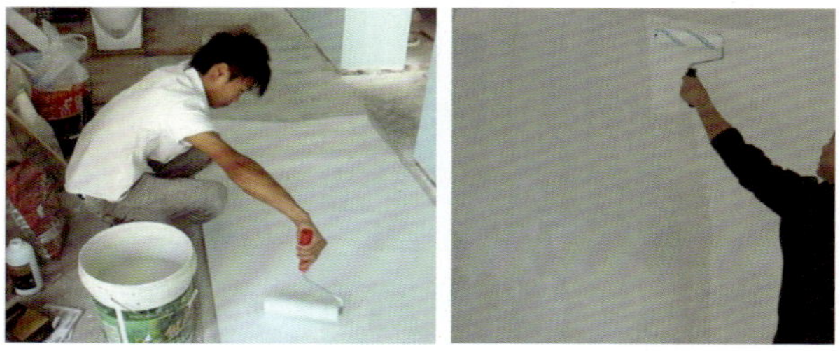

图 4-49　墙纸背面及墙面都应刷胶

墙面刷胶宽度应比墙纸幅宽度多 30 mm，胶液涂刷要均匀、严密，不能漏刷，注意不能裹边、起堆，以防弄脏壁纸。

但是，和墙纸不同的是，墙布、墙毡类墙纸的背面不能刷胶，以免污染正面，只需墙面刷胶即可。

（7）粘贴墙纸。

一般从墙边的阴角处开始贴第一幅，如图 4-51 所示。将刷胶后的壁纸展开上部折叠部分，贴于墙上，沿基准线自然垂直贴在墙上，用塑料刮板或毛刷刮平，赶出气泡和多余的胶粘剂，用干净毛巾将墙纸缝擦净，如图 4-52 所示，最后用墙纸刀割去上下多余部分，如图 4-53 所示。

若自然边对花的壁纸，则对花后将纸边对严即可；若自然边不齐，自然边不能拼缝，则用抽刀法搭缝粘贴并撕掉切下的两个纸边，用刮板将纸缝对严、刮平即可。阳角处要包角贴实，阴角处要搭缝贴，缝头留在背光面。

图 4-50　将刷过胶的墙纸折叠

图 4-51　从墙角贴第一幅

图 4-52　将墙纸缝擦净

图 4-53　割去上下多余部分

（8）细部修整。

墙纸贴好后多少会出现起泡现象，如果是较小的气泡，可将墙纸表面用针扎眼放出气体，再用注射针头注入胶液，用刮板赶平压实，如图 4-54 所示。如果是较大的气泡，可用刀片在气泡中心位置切一个“十”形的十字口，用镊子将墙纸的四个角一一掀起，涂上胶液后再用刮板赶平压实，如图 4–55 所示。

图 4–54 小泡用注射器修复

图 4–55 大泡切十字口修复

步骤三 墙纸裱糊模拟实训

1. 模拟实训的目的

虽然目前我国墙纸的使用率不是很高，但这并不能掩盖墙纸具有许多显著优点的事实。随着中西方交流的不断扩大和加深，欧美等国家的家居时尚必将影响中国百姓的消费观念。墙纸在国内的使用率迟早会出现几何级数的增长。通过墙纸裱糊的实训，能够更全面、更深刻地了解墙纸，对日后进行室内墙面设计会有所裨益。

2. 模拟实训的准备

（1）材料准备：53 cm × 1 000 cm 小幅墙纸 2~3 卷、墙纸粉若干。

（2）工具准备：胶辊、阳角压辊、阴角压轮、胶刷、平整刷、卷尺、铅笔、裁纸刀、注射器、白毛巾、切割导尺、硬软刮板、水桶等。

（3）场地准备：1 220 mm × 2 440 mm × 18 mm 夹芯板一块，用于裁纸和刷胶；符合墙纸裱糊要求的 10 m^2 左右的墙面。墙面有阴阳角、踢脚线和门洞更好。

3. 模拟实训安排及注意事项

（1）专业老师先让学生多看一些墙纸的装饰效果实景，如图 4–56 所示，然后按照墙纸裱糊流程可将学生分为三个小组。第一小组负责墙面的基层处理，必要时可提前几天制作，如有阴阳角、踢脚线和门洞的临时木质墙面或纸面石膏板墙面；第二小组负责分幅计算、弹线和裁纸工作；第三小组负责墙纸裱糊，包括调制胶液、刷胶、粘贴、修复等。

（2）调胶黏剂时，不应有任何细微颗粒杂质混入，

图 4–56 墙纸装饰效果实景

否则表面不光洁。

（3）如果墙面吸收水分过快，贴墙纸之前先在墙面上刷一层底胶。

（4）裱糊墙纸的原则是先垂直后水平，先上后下，先高后低。

（5）对花墙纸须考虑图案在相邻两幅的顺接性，裁剪长度要根据图案重复的单元长度作适当增加。

（6）用抽刀法粘贴时，刀口不能重复，否则纸缝很难对接严密。

（7）两幅墙纸的边缘接缝部位需用斜面接缝压辊进行辊压，使之粘贴牢固，接缝不开裂。若不慎将胶液压溢到墙纸表面，应及时用湿毛巾粘吸干净，切勿来回抹擦，否则墙纸干透后会留下一条白色的痕迹。

（8）墙纸必须粘贴牢固，正面看时表面色泽一致，不得有气泡、空鼓、裂纹、翘边、皱褶和斑污，侧面看时无胶痕。

（9）遇有开关插座盒应先断电，摘下面板，对准位置切一个“十”形的十字口，裱糊完成后再将面板装上，并用刮板靠紧面板边沿裁掉多余的墙纸，如图4–57所示。

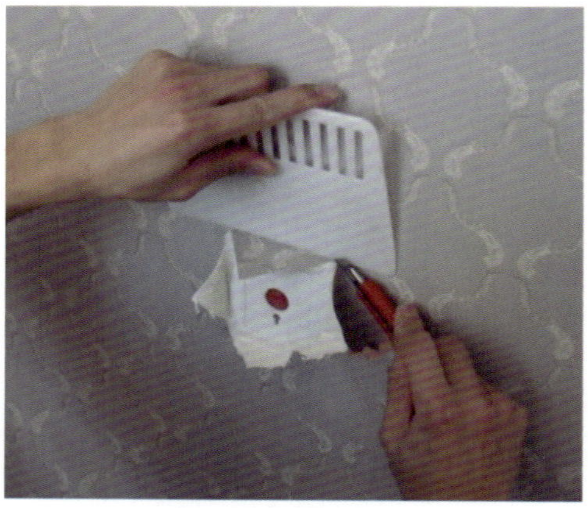

图4–57 开关处裁掉多余的墙纸

（10）粘贴时或刚粘贴完后，暂不要开窗，以免因室内空气流动过大或温差过大造成墙纸黏合时间不足而开胶。

需要说明的是，目前贴墙纸的黏结材料是水溶性胶粉，墙纸完工后数年内装饰效果比较好，但时间长了，受空气湿度及热胀冷缩的影响，墙纸背面的胶会慢慢地失去黏性。首先从纸边开始出现卷边现象，原本漂亮的墙纸可能会变得不美观，如图4–58所示。所以，南方地区空气湿度大，墙纸容易脱胶，如果有其他装饰选择，建议不贴墙纸为好；北方地区空气较干燥，墙纸胶相对来说不容易受潮，黏结稳定性较好，可以大胆使用墙纸。

图4–58 墙纸卷边

项目五 门窗装饰施工

知识点：

家居装修常见门窗种类及其材料；家居门窗的施工工艺流程；家居门窗制作安装的操作要点

技能点：

任务一 铝合金推拉窗制作安装
任务二 塑钢门制作安装
任务三 移动门制作安装

任务一 铝合金推拉窗制作安装

窗一般都设置在外墙上，是房屋建筑的一个重要构件，虽然不是承重构件，但具有围合、通风、采光、保温、防盗、隔音、防火等功能。家居装修中主要考虑的是窗的材质、开启方式等方面的因素。窗有很多种类，铝合金推拉窗是较为常见的一种。

任务导入：

在装饰施工实训室全过程模拟制作安装 1 樘双扇带上亮铝合金推拉窗。

任务分析：

先了解窗的材质、开启方式等基本知识，明确铝合金推拉窗的工艺流程和操作要点，再模拟完成铝合金推拉窗的制作安装任务。

任务实施：

步骤一 家居装修中窗的分类

一、不同材质的窗

家居室内的采光和通风状况很大程度上是通过窗户来进行的，窗户的材质和开启方式不同，则其采光和通风效率也就不一样。

按窗的材质不同，现行家庭装修中常见的有纯木窗、铝木复合窗、铝合金窗、塑钢窗、断桥铝合金窗等。

1. 纯木窗

纯木窗是指窗框和窗扇均由实木制成的窗。和传统老式木窗相比，近年来家装中大多是用新型木型材制作纯木窗，如图 5–1 所示。这种纯木窗所用木料大多采用机械加工而成的木型材，线条感较为流畅、挺直，拼缝、接角精细，清油后彰显天然木材的亲切感，如图 5–2 所示。对于中式风格的家居装修来说，采用仿古风格的纯木窗更为协调，如图 5–3 所示。

图 5–1 木型材窗断面

图 5–2 纯木窗

图 5–3　仿古纯木窗

但是，木材会因气候的变化而胀缩，变形后开关不便，防水性能差，易蛀易腐，并消耗大量木材，破坏森林资源。

2. 铝木复合窗

铝木复合窗是将铝合金型材与木型材等材料通过机械镶嵌复合而成的一种窗，又称铝木复合窗。铝木复合窗与纯木窗的区别在于其断面结构在木材的基础上增加了铝合金，是一种高档次的木窗，和普通铝合金窗相比，铝木复合窗的价格比较昂贵，近年来别墅装修项目中使用铝木复合窗比较流行。

铝木复合窗其室外部分采用铝合金专用模具挤压成型，表面经过氟碳喷涂，线条挺拔、简洁，具有防水、防腐蚀、防紫外线、保温隔音等性能，有多种颜色及图案可供选择。室内部分是经过特殊工艺加工的高档优质木材，木材种类也可根据要求来选择，木材的表面采用优质环保油漆涂装，防水防潮、抗腐蚀性能极佳。由于室内侧的木型材阻断了室内外热能量传递的冷热桥，故节能效果很明显。

最为突出的是，铝木复合窗采用多道密封，其窗扇和窗框之间采用了只有高档幕墙材料才具有的等压腔防水原理设计，其防水和密封性能优于普通铝合金窗和塑钢窗；玻璃采用中空钢化玻璃，使其保温性能和隔声性能进一步提升；合页、拉手、锁扣等均采用优质五金配件，开闭灵活方便，防盗性能可靠，使用寿命较长。

铝木复合窗根据其断面结构的不同分为两大类，第一类是铝包木窗，其断面特点为木材部分占到整个断面面积的 60%，主要受力部位为木材部位，铝材部位只是次要受力，如图 5–4 所示；第二类是木包铝窗，其断面特点与铝包木窗断面特点恰恰相反，即以铝合金为主要受力部位，木材部分占整个断面面积不足 40%，木材只是辅助受力，如图 5–5 所示。

图 5–4　铝包木窗断面

图 5–5　木包铝窗断面

铝木复合窗从室内看是木质效果，突显实木天然纹理，质感亲切而温馨；从室外看是铝合金效果，显现出现代工业制品的挺直和简洁，如图 5–6 所示。不论是铝包木还是木包铝，有几种系列，其中 68 系列比较普遍。

图 5–6　铝木复合窗室内外效果

3. 铝合金窗

装饰工程中门窗所用的铝合金型材是以纯铝为基料加入硅、铁、铜、镁、锰、铬、钛、锌元素所构成的合金材料，其生产工艺大致包括熔炼铸锭、挤压成型、热处理和表面处理四个过程。

门窗用铝型材以截面的宽度尺寸为标志构成不同的系列。铝合金门窗型材主要有 50、55、60、65、70、75、80、87、90、100 mm 等尺寸系列。其中，铝合金窗用的尺寸系列较小，铝合金门用的尺寸系列较大。

门窗用铝型材按照断面形式分为分体式和连体式。同一系列的铝合金门窗有几种不同截面形状和尺寸。例如，原分体式型材 90 mm 系列的推拉窗，共由 9 种型材组成，其中有 5 种框料和 4 种扇料。5 种框料分别是扁管、左右帮、上滑、下滑、单槽；4 种扇料分别上方、下方、钩企、光企。连体式型材的材料种类更少，其框料都合二为一，如上滑或与扁管合为一体、左右帮与扁管合为一体等。分体式型材的材料种类更多，但门窗的构造形式和制作工艺基本上相同。不同厂家生产的铝型材其断面形式和种类不尽相同，如图 5-7 所示。

不同系列的铝型材用于不同开启方式的门窗制作。以铝合金窗为例，50、55、60 mm 等一般是用于平开窗；75、80、85、90 mm 等用于推拉窗。

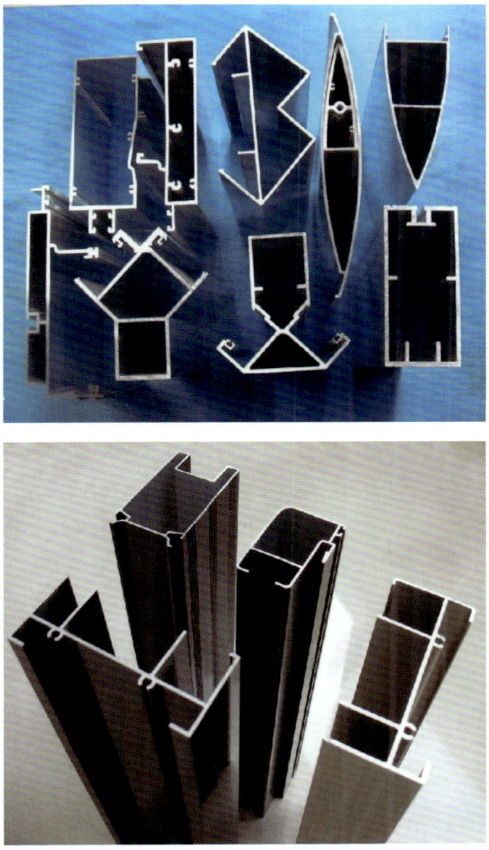

图 5-7　铝合金型材断面样式

不同厂家同一规格的铝型材的厚度不尽相同。按照《铝合金门窗》(GB/T 8478—2020) 的规定，用于铝合金窗的主杆件厚度不得低于 1.4 mm，用于铝合金门的主杆件厚度不得低于 2 mm。

铝门窗型材的出厂长度尺寸分定尺、倍尺和不定尺三种。定尺长度一般不超过 6 m，不定尺长度不少于 1 m。

铝合金窗因具有重量轻、强度高、外形美观、耐腐蚀、制作方便、坚固耐用、维修便捷等特点，广泛用于各类公共建筑和居民住宅，如图 5-8 所示。但是，铝合金窗的密封性较差，其保温、隔热、隔音性能比塑钢窗要低。

4. 塑钢窗

塑钢型材是以聚氯乙烯 (PVC) 树脂为主要原料，加上一定比例的稳定剂、着色剂、填充剂、紫外线吸收剂等，经过挤出设备制成的一种型材，如图 5-9 所示。塑钢是纯粹的塑料型材，本身并不含钢材成分，只是在门窗制作过程中当型材超过一定长度时会在型材空腔内填加钢衬，以增强型材的刚性并防止其变形，塑钢门窗因此而得名，如图 5-10 中框料和扇料的空腔内灰黑色的物品就是钢衬。

图 5-8　铝合金推拉窗样式

图 5-9　塑钢型材

图 5-10 塑钢空腔内填加钢衬

塑钢按颜色分为单色和双色两种。单色常见的是白色，也有其他单一色彩；双色的塑钢可通过共挤、覆膜和喷涂方式制成，如图 5-11 所示。

图 5-11 单色和双色塑钢型材

相对于铝合金窗来说，塑钢窗具有以下优点：塑料的传热系数小，节能效果明显；密封性强，隔音效果显著；耐腐蚀，不易氧化；外观好，触感比金属更舒服；成本低，比铝合金窗节省成本 30%~50%。正因为塑钢的这些优点，塑钢窗在我国装修工程中得到大量应用，普及率已远远超过铝合金窗，如图 5-12 所示。

图 5-12 塑钢窗样式

5. 断桥铝合金窗

断桥式铝合金是利用 PA66 尼龙将室内外两层铝合金既隔开又紧密地连接成一个整体，构成一种新的隔热型的铝型材。断桥铝合金窗是在老铝合金窗基础上，为了提高窗的保温性能而推出的改进型窗，窗的外观与普通铝合金窗相同，构造及制作工艺也基本上差不多，如图 5-13 所示。

此处的“桥”是指材料学上的“冷热桥”,而“断”字就是“把冷热桥打断”的意思。因为铝合金是一种导热较快的金属，当室内外温差相差很多时，铝合金就成为迅速传递热量的一座桥，这样的材料做成窗，其隔热性能就不好。而断桥铝是将靠近室内和靠近室外的两边的铝合金从中间断开，采用穿条式或注胶式把硬塑料即 PA66 尼龙将断开的铝合金连为一体，如图 5-14 中蓝色物品所示。经技术部门测定，传热系数普通铝合金为 207W/（m^2·K），断桥铝合金为 2~4W/（m^2·K）。可见，塑料的导热要比铝合金慢很多，断桥铝的保温性和冰箱差不多。

图 5-13 断桥铝窗断面

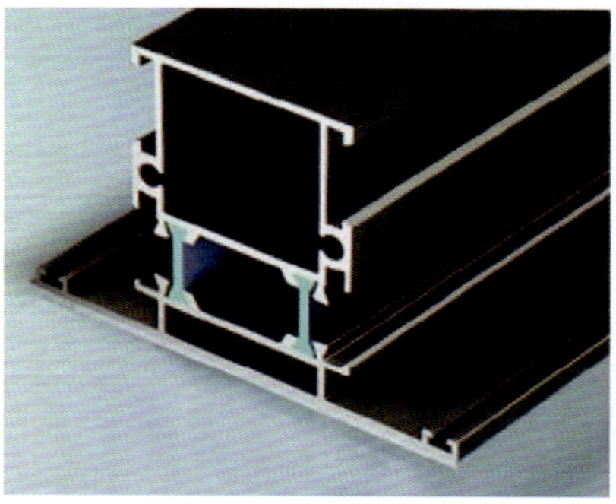

图 5-14 断桥铝型材

断桥铝制作的窗，隔热性优越，彻底解决了铝合金传导散热快、不符合节能要求的致命问题。同时，断桥铝采用了一些新的结构配合形式，解决了“铝合金推拉窗密封不严”的老大难问题。断桥铝两面为铝材，中间用 PA66 尼龙做断热材料的创新结构设计，兼顾了尼龙和铝合金两种材料的优势，同时保证了装饰效果、高强度、耐老化等多种要求。断桥铝窗的气密性、水密性、隔音性、保温性比任何铝合金或塑钢窗都好。

尽管断桥铝窗的价格高出普通塑钢窗近一倍，但也挡不住其成为未来中国建筑装饰门窗行业领头羊的趋势。

值得一提的是，与以上门窗材料配套使用的金刚网纱窗已取代了传统纱窗，其强度、耐用性、美观性都大大改善。

二、不同开启方式的窗

按窗的开启方式的不同，家庭装修中常见的有平开窗、推拉门窗、推拉平开窗、固定窗、立转窗、悬窗、推拉折叠窗、无框玻璃阳台窗等。

1. 平开窗

平开窗是指合页或铰链装在窗扇的侧面来实现水平方向开启或关闭的窗，如图 5–15 所示。窗扇能全部打开，通风能力强。平开窗分内开式和外开式两种。

内开式平开窗的优点：开启或关闭方便；便于清洗和维修；不管是否开启，对建筑外立面影响小。

图 5–15　平开窗

内开式平开窗的缺点：开启时占用室内空间；制作不当，雨天会向室内渗水；内开窗下口尖角易磕碰伤人，特别是儿童；开窗时使用纱窗、窗帘不方便。

外开式平开窗的优点：因高坎在里口，外风压越大，窗户密封压条越紧，暴风雨时防渗性能好；开启时不占室内空间；窗扇与纱窗、窗帘没有冲突。

外开式平开窗的缺点：刮大风时如忘关闭则窗扇易受损；如窗扇破损造成玻璃从高空坠落，存在巨大危险性；儿童开启或关闭窗户时有坠落危险；有的开启有的关闭时，造成建筑外立面凌乱，破坏其外形的整体感。

综合以上特点，平开窗在设计和制作时可采用大面固定小面开启的形式，既可获得良好的采光性能又显得美观大气。

2. 推拉窗

推拉窗是一种通过安装于窗扇上的滑轮在轨道上滚动来实现开启或关闭的窗，如图 5–16 所示。构造简洁美观，窗扇玻璃幅面大，视野开阔，采光率较高。推拉窗分左右推拉和上下推拉两类。家居装修中常采用左右推拉，普遍选用铝合金和塑钢材质，滑轮安装于下方的空槽中，分双扇、三扇和四扇三种。

图 5–16　推拉窗

推拉窗的优点：可以自由选择开窗位置和通风口；开启时不占用室内空间；在同一个垂直平面内开启，便于纱窗及窗帘的安装和使用；建筑物的外立面不受窗扇开闭的影响，整体形象美观；窗扇的受力状态好，不易损坏；使用灵活，轻松拆装，擦洗玻璃方便；安全可靠，使用寿命长。

推拉窗的缺点：窗扇不能同时开，只能开一半，通风能力相对较低；窗扇与上部滑槽之间、窗扇与下部轨道之间都须留有一定空隙，密封性较差，刮风下雨时灰尘、雨水容易进入室内；开启或关闭时有较大的噪声。

3. 推拉平开窗

推拉平开窗是指窗扇在推拉轨道上任意位置实现

平开和旋转的新型多功能窗，如图 5-17 所示。推拉平开窗是原水平推拉窗的改进型，目前国内所用材质均为铝合金。

推拉平开窗的优点：综合了平开窗和推拉窗的优点；左右推拉动作更加轻松、顺滑；窗扇可推拉轨道上的任意位置实现平开，开窗面积达到 100%；自动入位锁定装置增强了防盗性能，改善了居家的安全性；窗扇可外旋 180°，能安全而轻松地清洁双面玻璃；能根据室内空气与室外风向随意调整窗扇的开启角度与位置，持续保持室内新鲜空气。

图 5-17　推拉平开窗

推拉平开窗的缺点：装置及其配件较多，稳定性差，易出故障，维修较频繁。

4. 固定窗

固定窗是仅将玻璃嵌固在窗框上、无窗扇或有窗扇但不能开启的一种窗，如图 5-18 所示。固定窗常用于只考虑室内采光而不需通风的场合。一般不设窗扇，故其玻璃面积较大，以增加采光量。有时为了同其他窗产生相同的建筑外立面效果，也会设窗扇，但窗扇固定在窗框上而不能开启。固定窗可单独设置，也可与其他开启方式综合使用。

图 5-18　固定窗

固定窗的优点：制作简单、简洁明快、采光性好、安全性高、经久耐用。

固定窗的缺点：无通风能力、玻璃的室外面无法清洁。

5. 立转窗

立转窗是一种转动立轴位于上下冒头中间部位可实现窗扇水平方向转动的窗，如图 5-19 所示。目前家居装修中采用立转窗的较少。

图 5-19　立转窗

立转窗的优点：开闭灵活、安全可靠、窗扇擦洗方便、通风能力强、采光性能好、维修方便等特点。

立转窗的缺点：配件及装置较多、构造复杂、雨水易渗漏。

6. 悬窗

悬窗根据转动轴心位置的不同，有上悬窗、中悬窗和下悬窗之分，如图 5-20 所示。上悬窗是合页或铰链装于窗上侧，向内或向外开启的窗；中悬窗是转轴装于窗中部，向内或向外开启的窗；下悬窗是合页或铰链装于窗下侧，向内或向外开启的窗。其实，上悬窗和下悬窗是在普通平开窗的基础上衍化出来的一种开启形式，可以简单地将上悬窗和下悬窗理解为窗扇在垂直方向平开的窗，而将中悬窗理解为垂直方向的立转窗。

悬窗的优点：窗扇只能打开 10cm 左右的缝隙，人无法从外面进入，特别适合家中无人时使用，既可以通风，又可以保证安全；上悬窗和中悬窗的防雨效果较好；开启所占空间较小，适用于厨房、卫生间等窗户安装位置受局限的地方。

悬窗的缺点:因可开启的缝隙较小，故通风性能较弱。

悬窗可独立设置，也常与平开窗、推拉窗或固定窗等综合运用，作为亮子或气窗形式，既可通风也能采光。图 5-21 所示是三种开启方式的综合运用示意图，下部的主窗扇左为外平开、右为内平开，上部的亮子左为外上悬、右为固定窗;在实际设计和制作中，下悬窗因开启时不利于防雨而较少采用。

图 5-20　上悬窗、中悬窗和下悬窗

图 5-21　开启方式综合示意

7. 推拉折叠窗

推拉折叠窗是一种边框相互连接的、窗扇能实现推拉和折叠的窗，如图 5-22 所示。它不同于推拉平开窗，只是综合了推拉和平开的部分特点。

推拉折叠窗的优点:窗扇能全部打开，通风能力强;视野较开阔;密封性较好。

推拉折叠窗的缺点:开启折叠时操作不太方便;装置较复杂，对配件的质量要求较高;折叠后占用空间。

图 5-22　推拉折叠窗

8. 无框玻璃阳台窗

无框玻璃阳台窗是一种每扇玻璃都能左右移动又能 90° 旋转开启并逐块叠在一起的窗，如图 5-23 所示。相对于前述各种开启方式的窗，这种窗无论是结构材料还是安装工艺都有新的突破，标志着近年来我国无框窗技术发展的新高度，是目前高档住宅阳台窗的新潮流。

图 5-23　无框玻璃阳台窗

无框玻璃阳台窗的优点:无框无挺，只见大块的玻璃，整体简洁明快，美观豪华;外侧平整光滑，钢化玻璃强度大，防盗性能好;防尘防噪和挡风遮雨效果好;合理的结构使窗都能向内开启，不必把身体探出外面擦窗，清洗变得安全和简单;定制的弧形钢化玻璃和加工后的弧形铝型材能紧密配合阳台弧度，与阳台浑然一体;采用高强度消声轴承滑轮，推拉轻盈无声，四轮受力，开启方便;玻璃推叠至墙边，与没有封闭的阳台的感觉一样，视野开阔，阳光和空气畅通无阻，关上窗户时视线毫无阻挡，窗的外侧与建筑物融为一体。

无框玻璃阳台窗的缺点:由于全玻璃窗扇相互折叠的原因，擦洗玻璃室外侧不方便，如图 5-24 所示;须使用高品质的铝型材、钢化玻璃和五金配件，制作成本较高。

图 5-24 擦洗玻璃外侧不便

步骤二 铝合金推拉窗施工工艺流程和操作要点

铝合金门窗的安装，一般是采用后塞口法，即在外墙体洞口抹好底灰后进行。铝合金推拉窗施工的大程序是先立框，后装扇。窗扇可安装单层玻璃，也可安装双层或三层玻璃、中空玻璃，改善密封性能、隔音性能、保温性能和抗渗性能。

一、工艺流程

弹线找规矩→防腐处理→窗框就位→找正暂时固定→框与墙连接→塞周边缝隙→安装窗固定玻璃→安装窗扇→装五金配件→打胶与清理。

二、操作要点

1. 弹线找规矩

(1)引铅直线。

在建筑物最顶层找出窗位置后，以其窗边线为准，用经纬仪将边线下引，并分别在各层窗口处作出标识。对个别窗边不直的应进行剔凿修整。

(2)弹水平线。

窗口水平位置，应以 +50 cm 的水平线为准往上返算，量出窗下皮标高，弹线找直。每一楼层和同一房间窗下皮的标高，应保持一致。

2. 防腐处理

铝合金推拉窗框外四周应按照设计图纸要求做防腐处理。

3. 窗框就位

铝合金推拉窗框上墙后，大致安放在洞口内的安装位置线上。

4. 找正暂时固定

立框后，应调整、校正其垂直度、水平度、对角线及进深位置，符合要求后，暂时用木楔固定。

5. 框与墙连接

铝合金推拉窗框与墙连接，通过预先安装好在窗框上的连接件，采用膨胀螺栓与墙连接;或先在窗框的四向用电钻钻孔，间距在 800 mm 左右，然后将窗框立于窗洞中，将孔眼位置画记在四面墙，取下窗框，用电锤在画记处打眼，埋入木楔后再将窗框放入窗洞，用水泥钢钉固定窗框。固定前窗框先要找水平和垂直。

6. 塞周边缝隙

铝合金推拉窗框安装固定后，应检查其垂直度、水平度是否在固定当中产生了位移，如不符合要求，应立即调整，确定无误后，才可进行窗框周边塞缝。在填塞过程中,要防止碰撞铝合金推拉窗框,以免变形。

7. 安装窗固定玻璃

安装玻璃前先撕掉窗上的保护膜，清洁干净，再将玻璃就位。单块玻璃尺寸较小，可用双手操作就位;单块玻璃尺寸较大时，可用玻璃吸盘安装。安装玻璃前，应先在玻璃周边垫有 3 mm 厚的弹性垫块，以缓冲启闭等力的冲击。垫块应设在玻璃边长的 1/4 处。玻璃不可与铝合金型材和螺钉直接接触，以防碎裂。

再将压条扣上，然后按照设计要求填塞密封胶条和打胶。密封胶条和打胶应平整、光滑、无松动、密实，以免产生渗水。

8. **安装窗扇**

（1）安装条件。

铝合金推拉窗扇的安装，应在土建工程施工基本完成的情况下进行，以保持铝合金推拉窗完好无损。

（2）安装推拉窗扇。

安装推拉窗扇前，首先撕掉保护胶带纸，检查扇上各密封毛条有无少装或脱落。如有脱落现象，可用玻璃胶等黏结。将窗扇的顶部插入窗框的上滑槽中，并使滑轮卡在下滑槽的轨道上，待安装好后进行调试，确保推拉灵活、密实。

9. **装五金配件**

待内装饰装修结束后，即可安装执手、锁扣等五金配件。五金件安装应齐全、配套，安装牢固，使用灵活，位置正确，端正美观。

10. **打胶与清理**

（1）打胶。

在窗框内外两面靠墙的周边上，以及框与框之间的接缝处，先去掉外框周边残留的保护纸，将与胶接触的表面清洗干净，然后用胶枪沿缝隙打入密封胶，并使胶面平整、均匀、光滑、无气孔。打胶后须保证在 24 h 内不受震动，确保密封牢固。

（2）清理。

将沾污在框、扇、玻璃与窗台上的水泥浆、胶迹等污物用抹布擦干净，并清理所产生的垃圾。

步骤三 铝合金推拉窗制作模拟实训

1. **模拟实训的目的**

选择单个窗洞口进行铝合金推拉窗制作的实训，借以了解铝合金推拉窗的相关材料和制作工艺，为学习室内设计和装饰工程报价技能奠定基础。

2. **模拟实训的准备**

（1）材料准备：90 系列铝合金推拉窗型材、5 mm 浮法玻璃、橡胶密封条、毛条、自攻螺钉（10 mm、20 mm 和 30 mm）、月牙锁、90 双轮、玻璃胶（硅酮胶、透明）（见图 5-25）、水泥、沙子、木楔、水泥钉等。

（2）工具准备：型材切割机、电锤、手电钻、玻璃胶枪（见图 5-25）、水平尺、铅垂线、锤子、钳子、十字螺丝刀等。

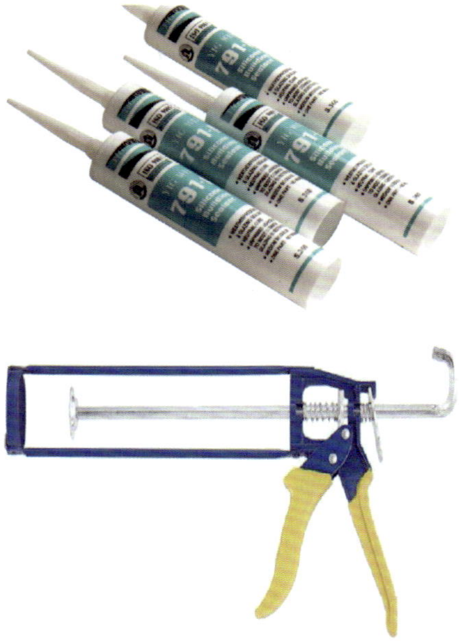

图 5-25 玻璃胶和玻璃胶枪

（3）场地准备：240 mm 厚墙面上有一窗洞口，洞口尺寸在 1 500 mm × 1 800 mm 左右。

3. **模拟实训安排及注意事项**

（1）专业老师负责模拟实训的组织。按照工艺流程及其操作要点将学生分为若干小组，每个小组分别负责不同的工艺程序事项。

（2）以 90 系列双扇带上亮铝合金推拉窗为例，指导教师先介绍铝合金推拉窗所需型材的种类及其基本构造，如图 5-26 所示，然后介绍下料尺寸计算方法。

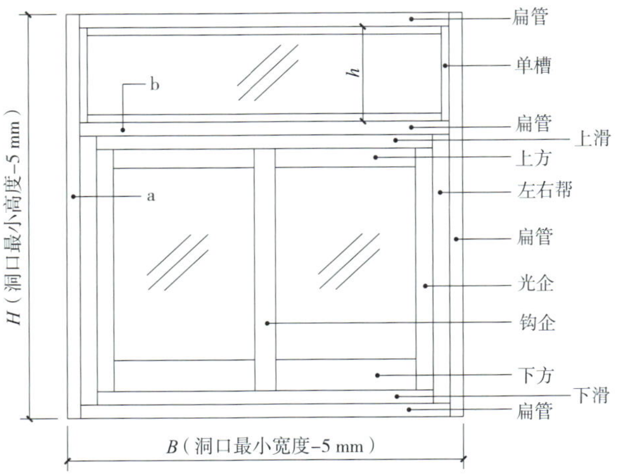

图 5-26 铝合金推拉窗的型材名称

现场的窗洞口多少有点不规整，确定推拉窗框外边尺寸的方法是：宽度分别在洞口的上中下三个位置量，取其中最小的减去 5 mm 作为 B；高度分别在洞口的左中右三个位置量，取其中最小的减去 5 mm 作为 H；然后确定上亮高度为 h。根据 B、H 和 h 这三个已知数，按照以下公式计算型材及玻璃的下料尺寸：

框料即窗的固定部分共 5 种，分别是：

$L_{扁管a}=H$（1 樘 2 根）

$L_{扁管b}=B-2\times25$（25 mm 为扁管外形的厚度，1 樘 3 根）

$L_{左右帮}=H-h-3\times25$（1 樘 2 根）

$L_{上滑}=L_{下滑}=B-2\times25-2\times27=B-104$（27 mm 为左右帮外形的厚度，1 樘上下滑各 1 根）

$L_{垂直向单槽}=h$，$L_{水平向单槽}=L_b-2\times10$（10 mm 为单槽的外形尺寸，有时为了就料，除其他型材外单槽可非整根安装于玻璃的两侧）

扇料即窗的活动部分共 4 种，分别是：

$L_{光企}=L_{钩企}=L_{左右帮}-40$（40 mm 为经验数据，可保证窗扇既不脱落又容易从上下滑中装卸）

$L_{上方}=L_{下方}=(B-2\times25-2\times27+70)/2$

$=(B-34)/2$（70 mm 为两窗扇勾企重叠 50 mm 加上窗扇光企插入左右帮各 10 mm 之和）

以上所示上下方的下料尺寸是双扇推拉窗的，若为三扇，则多加一个 50 mm 的重叠长度，分母相应改为 3；若为四扇则多加两个 50 mm 的重叠长度，分母相应改为 4。

玻璃的尺寸计算：上亮的玻璃尺寸，高（$h-2$）mm，长（$B-2\times25-2$）mm；窗扇的玻璃尺寸按照上方、下方、光企和勾企所构成的内边尺寸四周各加 10 mm 计算，可保证玻璃安装牢固、密实。

（3）型材下料切割时要考虑到切割机刀口有一个损耗厚度，应留出这个余量。

（4）扁管之间的连接采用角铝连接法，用直径 3.20 mm 的钻头先将角铝的窄边连同扁管钻通，并用长 10 mm 的自攻螺钉固定于扁管端部，再将另一扁管套入角铝的宽边，从扁管外部连同角铝一起钻通并连接。

（5）若下料准确，则安装的质量直接关系到推拉窗的质量。安装质量关键在于窗框的安装质量，要保证窗框前后垂正，左右水平。方法是垂直度用铅线测量，水平度用水平尺测量。

（6）由于量取洞口尺寸后高宽取的都是最小数字，所以推拉窗安装固定后扁管与墙体之间会有宽窄不一的缝隙。可用现场的破瓷片、碎砖等塞入，然后用水泥砂浆抹平。

任务二　塑钢门制作安装

上述提到，由于塑钢比铝合金具有更多的优点，所以塑钢门窗成为当今建筑装饰使用最为普遍的一种门窗类型，如图 5-27 所示。

任务导入：

在装饰施工实训室全过程模拟制作安装 1 樘塑钢双扇推拉门。

任务分析：

先了解塑钢门窗制作的工艺流程和操作要点，再模拟完成塑钢推拉门的制作安装任务。

任务实施：

步骤一　塑钢门窗制作的工艺流程和操作要点

一、塑钢门窗制作的工艺流程

量取洞口尺寸→切割型材→铣排水孔和锁孔→装配增强型钢→焊接→清角和装胶条→装配五金件→安装玻璃→清扫场地。

二、塑钢门窗制作的操作要点

1. 量取洞口尺寸

门窗洞口四周找平后按设计要求量取洞口尺寸，为便于安装，高度和宽度方向均在取最小值的基础上减去 3~5 mm，作为门窗外框的制作尺寸。若洞口周边将贴瓷砖等，应留出相应的余地，以保证框的外沿与瓷砖等装修相配合。

2. 切割型材

主型材下料一般采用双斜锯下料。料的每端留 2.5~3.0 mm 的余量，焊接下料误差应控制在 1 mm 以内，角度误差控制在 0.5° 以内，如图 5-28 所示。

图 5–27 塑钢推拉门

3. 铣排水孔和锁孔

框料型材要铣排水孔，扇料型材要铣排水孔和气压平衡孔。要求排水孔的直径为 5 mm，长为 30 mm。排水孔不应设置在有增强型钢的腔内，也不能穿透设置增强型钢的腔室，以免进水腐蚀钢衬。如果要安装传动器和上门锁，还要铣锁孔。

4. 装配增强型钢

当门窗构件尺寸大于或等于规定的长度时，其内腔必须加增强型钢。另外，对五金件装配处及组合门窗拼接处也必须加入增强型钢。增强型钢的装配在不影响焊接的部位预先插入并固定，在十字型和 T 型连接处受力的型钢应在型材熔融后焊板刚刚提起对接开始时插入，待焊后固定。

增强型钢的紧固件一般不少于 3 个，间距不大于 300 mm，距型钢端头不大于 100 mm。

5. 焊接

焊接时要注意焊接温度控制在 240~250℃，进给压力 0.3~0.35 MPa，夹紧压力 0.4~0.6 MPa，熔融时间 20~30s，冷却时间 25~30s，如图 5–28 所示。

图 5–28 塑钢门窗型材的切割、焊接

6. 清角和装胶条

（1）焊接后，待冷却 30 min 后方可开始清角，可手工清角或机械清角。

（2）将清角后的框、扇及玻璃压条，按照要求安装不同类型的胶条。框、扇胶条的上挺部位，胶条长度应超出 1% 左右，以防止胶条回缩。

7. 装配五金件

五金件要有足够的强度，安装位置正确，能满足使用功能并便于更换。五金件应固定在插入的增强型衬钢上，五金件固定采用 40 mm 的自攻螺钉，如图 5–29 和图 5–30 所示。

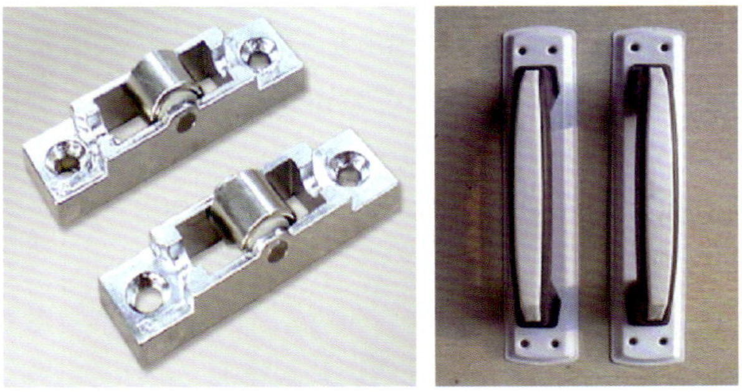

图 5–29 滑轮和拉手

图 5–30 安装五金配件

8. 安装玻璃

在安装玻璃的部位先放入玻璃垫块，将切割好的玻璃放在垫块上，然后通过玻璃压条将玻璃固定夹紧。

9. 清扫场地

安装结束后及时检查门窗的牢固度、光洁度、密封度等，并及时清扫场地。

步骤二 塑钢推拉门制作安装实训

1. **模拟实训的目的**

选一门洞口完成塑钢推拉门的制作安装，了解塑钢推拉门的相关材料和制作工艺，掌握门窗施工的相关知识和技能。

2. **模拟实训的准备**

(1) 材料准备：88 系列塑钢推拉门型材及其配套的橡胶密封条和毛条、5 mm 花格玻璃、拉手、滑轮、水泥、沙子、木楔、50 mm 镀锌螺钉及塑料膨胀螺栓等。

(2) 工具准备：型材切割机、塑钢熔焊机、电锤、手电钻、水平尺、铅垂线、锤子、钳子、十字螺丝刀等。

(3) 场地准备：240 mm 厚墙面上有一门洞口，洞口尺寸在 1 800 mm × 2 100 mm 左右。

3. **模拟实训安排及注意事项**

按上述塑钢推拉门窗制作的工艺流程和操作要点分组安排学生实训后，质量方面的把关尤为重要，主要应注意以下几个方面：

(1) 外观检验：门窗表面应光洁，无气泡和裂纹，颜色均匀，焊缝平整，不得有明显伤痕、杂质等缺陷。

(2) 外观尺寸检验：严格控制门窗质量在国家行业标准允许偏差内。

(3) 密封条装配均匀，接口严密，无脱槽现象。

(4) 密封条装配应牢固，转角部位对接处的间隙应不大于 1 mm，不得在同一边使用两根或两根以上压条。

(5) 五金配件安装位置正确，数量齐全，安装牢固。

任务三 移动门制作安装

市场上所说的移动门主要是指用钛镁合金型材制作的推拉门，因其材质相对于传统铝合金型材和塑钢型材的推拉门来说材小质轻、推拉顺畅、移动便易而得名，可用于阳台、厨房、卫生间、衣柜等处。

任务导入：

在装饰施工实训室模拟制作安装 1 樘衣柜移动门。

任务分析：

先了解钛镁合金移动门的相关材料、移动门的种类，再学习制作衣柜移动门的工艺流程和操作要点，然后模拟完成 1 樘衣柜移动门的制作安装。

任务实施：

步骤一 钛镁合金移动门的相关材料和门的种类

一、钛镁合金移动门的相关材料

钛镁铝合金（在建材市场常简称钛镁合金），就是在铝锭中加入钛、镁元素的合金，其特点是密度小、强度高，具有很好的耐蚀性、可塑性和较高的强度。钛镁合金型材如图 5-31 所示。

图 5-31 钛镁合金型材

钛镁合金推拉门分上吊式和下滑式两种，分别使用不同的滑轮，如图 5-32 所示。

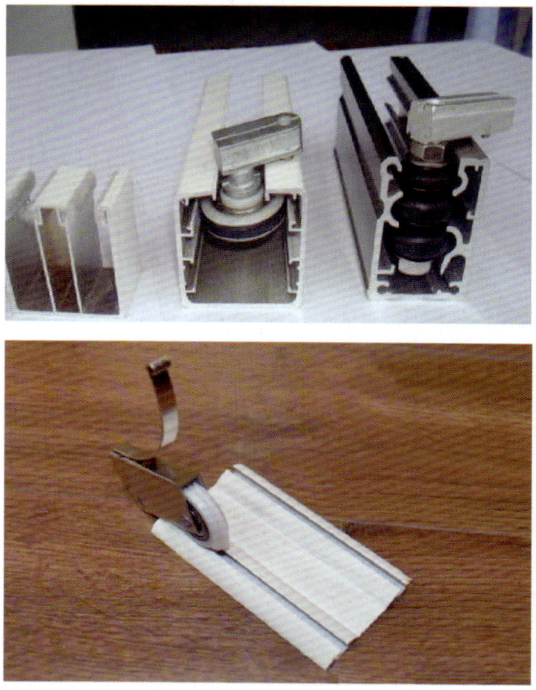

图 5-32 上吊式和下滑式滑轮

二、钛镁合金移动门的种类

（1）直轨式推拉门：是使用场合最为广泛的一种，适用于各种区域，具有很强的隔断功能，诸如厨房的推拉门、卫生间淋浴房的推拉门、衣柜的推拉门、储物间的推拉门、餐厅靠阳台处的推拉门，等等。按轨道形式可分为单轨、双轨和三轨，给设计和制作带来灵活多样的选择，如图 5-33（a）所示。

（2）碰角式推拉门：分为外碰和内碰两种，碰角角度分为直角 90° 和斜角 135° 等。直角适用于需做拐角的区域，如浴室、半开敞性空间等；而斜角适用于别墅和复式房屋的小院、顶层露台等空间，如图 5-33（b）所示。

（3）折叠式推拉门：其开启形式类似于屏风，主要适用于较小的空间，门折叠起来后几乎可 100% 将空间展现出来，人员进出或取物都很方便，如图 5-33（c）所示。

（a）直轨式

（b）碰角式

图 5-33　钛镁合金移动门种类（一）

（c）折叠式

图 5-33　钛镁合金移动门种类（二）

步骤二　衣柜移动门施工的工艺流程和操作要点

一、衣柜移动门施工的工艺流程

量取柜口尺寸→型材下料→钻孔→组装框扇→上柜安装→清理场地。

二、衣柜移动门施工的操作要点

1. 量取柜口尺寸

相对于墙面洞口来说，柜子的门洞口更为规整。所以，在尽可能准确地量取柜门洞口尺寸之后，只需高宽各减去 2 mm 的材料伸缩余量即可。

2. 型材下料

下料是钛镁合金门制作的关键工序。钛镁合金门窗型材的组装方式有三种，45° 角对接、直角对接和垂直对接，推拉门下料宜采用直角切割。要求切割准确，尺寸误差值应控制在 2 mm 以内。

3. 钻孔

钛镁合金门的框扇组装一般是采用螺丝连接，因此，不论是横竖向型材的组装，还是配件的固定，都需要在相应的位置钻孔。最好用小型台钻，因小型台钻有工作台，更能有效地保证钻孔位置的精确；用手电钻钻孔须要求钻孔位置准确，孔径合适，不可在型材表面反复更改钻孔以致破坏型材。

4. 组装框扇

根据设计要求将框料和扇料通过连接件用螺钉连接起来。横竖杆型材的连接，一般采用专用的连接件或铝角，再用螺钉、螺栓或铝拉铆钉固定。

5. 上柜安装

为保证外框平整规矩，安装外框时要用拉尺测量框的对角线是否对等、上下左右是否一致，如外框有不平的现象要调平。外框调平后，在外框上用手电钻钻孔，间距控制在 600~800 mm，并用螺钉固定。安装好滑轮，将门扇装入外框里，并检查门扇推拉是否顺滑。

6. 清理场地

撕去玻璃和型材上的保护膜，及时将施工产生的垃圾从现场清理干净。

步骤三　衣柜移动门制作安装实训

1. 模拟实训的目的

通过衣柜移动门的制作安装实训，认识移动门的材料及配件，熟悉其施工工艺，为室内设计中门的运用服务，如图 5-34 所示。

2. 模拟实训的准备

（1）材料准备：钛镁合金门移门型材及配件、螺钉、玻璃、玻璃胶等。

（2）工具准备：型材切割机、小型台钻、手电钻、卷尺、螺丝刀、钢锯、玻璃胶枪、活动扳手、钳子、铁锤、铅笔等。

（3）场地准备：事先准备一柜口为 1 800 mm × 2 100 mm 左右的木柜子。

3. 模拟实训安排及注意事项

（1）玻璃可自行裁划或到市场上定做。

（2）移动门的实训应按规范操作，制作质量可不作过高要求。

（3）考虑到设备和技术因素，可请专业制作人员协助进行实训指导。

图 5-34　钛镁合金门衣柜推拉门

项目六　天棚装饰施工

知识点：

家居吊顶装修常见种类及其材料；家居吊顶的工艺流程；家居吊顶的操作要点

技能点：

任务一　纸面石膏板吊顶
任务二　铝方板吊顶
任务三　格栅吊顶

任务一　纸面石膏板吊顶

天棚是室内装修的一个重要界面，其装修的使用功能是配合照明设计改善室内照明，除此以外基本上是出于美化功能的需要而进行装修。天棚装修种类很多，家居装修中纸面石膏板吊顶、铝方板吊顶、格栅吊顶等比较常见。

任务导入：

在装饰施工实训室全过程模拟完成 10 m^2 左右的纸面石膏板吊顶。

任务分析：

先要了解天棚装修的类型，然后了解纸面石膏板吊顶的工艺流程和操作要点，再模拟完成纸面石膏板吊顶实训任务。

任务实施：

步骤一　天棚装修的类型

按天棚装饰层与结构层的空间关系不同，天棚装修大致分为两大类，即直接式天棚和吊顶式天棚。

1. 直接式天棚装饰

直接式天棚装饰是指天棚装饰层与结构层直接黏结在一起，不采用龙骨构造而直接在楼板底面抹灰后进行涂饰、裱糊，或直接安装顶角线（包括木质顶角线、石膏顶角线等），适用于净空高度较小的天棚装饰。常见的直接式天棚装饰形式有：

（1）天棚表面直接涂饰或裱糊。即在天棚楼板底面完成抹灰的基础上刮内墙腻子、刷乳胶漆等内墙涂料，或裱糊墙纸、墙布等，如图 6-1 所示。

图 6-1　天棚表面直接刷涂料

（2）安装木顶角线。即在室内天棚与墙交界处（即顶角）、梁底、柱端或吊灯周围等部位，将木顶角线直接安装在楼板底部和墙面顶部，拼装出各种图案或造型，并对木顶角线做油漆，如图 6-2 所示。

图 6-2　天棚上直接安装木装饰线

（3）安装预制石膏装饰制品。这些制品都是生产厂家的成品线条及其配件，具有浮雕效果和不同的纹理，有线条状、角花状、圆盘状，也有薄壁空腹状，立体造型强，且成套使用，即所谓集成式吊顶。此类装饰制品安装完后，表面均需做涂饰处理，如刷乳胶漆，如图 6-3 所示。

图 6–3 天棚上直接安装石膏线

2. 吊顶式天棚装饰

吊顶式天棚装饰是指天棚装饰层与结构层之间有一定的距离，即采用木、金属材料作龙骨架并配以各种罩面板而形成的天棚装饰，适用于净空高度较大的天棚装饰，如图 6–4 所示。

图 6–4 家装和公装吊顶示例

吊顶式天棚的造型丰富，大致有平面式、凹凸式、开敞式、拱形和圆形等；吊顶式天棚所用的龙骨材料主要有木龙骨、轻钢龙骨和铝合金龙骨三大类。

步骤二 纸面石膏板吊顶工艺和操作要点

纸面石膏板吊顶的龙骨可以是木龙骨也可以是轻钢龙骨。

木龙骨的造型能力强，可做出线形、弧形和有跌差的造型，但受木材本身特点的限制，一般适合于小面积空间的吊顶，如图 6–5 所示。

图 6–5 木龙骨纸面石膏板吊顶

轻钢龙骨出厂尺寸达到 6 m，配以各种连接件、吊挂件，其装配式构造大大提高了施工效率，但造型能力较弱，适合于大面积空间的一级吊顶即平顶的形式，如图 6–6 所示。

以下主要介绍 U50 不上人系列轻钢龙骨纸面石膏板吊顶工艺，所用轻钢龙骨及配件、纸面石膏板如图 6–7 所示。

图 6–6 轻钢龙骨纸面石膏板吊顶

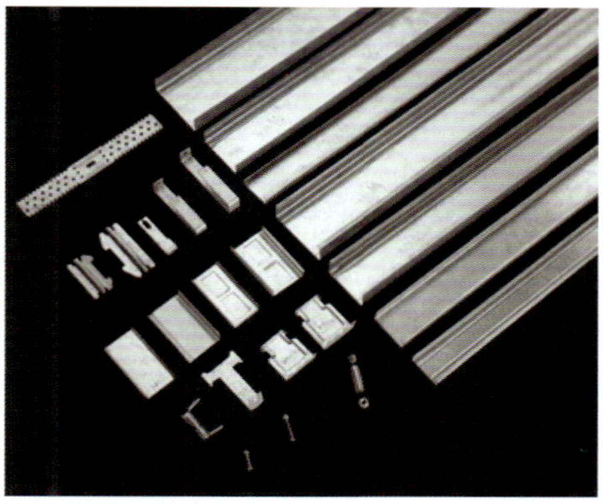

图 6–7 轻钢龙骨及配件、纸面石膏板

一、轻钢龙骨纸面石膏板吊顶的工艺流程

弹标高控制线和吊点排线→安装主龙骨吊杆→安装主龙骨→安装次龙骨→安装小龙骨→龙骨架水平度调整→检查测试顶棚上隐蔽工程→龙骨刷防锈漆→安装石膏板→接缝处理→清扫现场。

二、轻钢龙骨纸面石膏板吊顶的操作要点

1. 弹标高控制线和吊点排线

离地面大致 1.5 m 的高度沿墙面的四周弹标高水平控制线，以此线为基准，按设计要求在墙面的顶部弹出顶棚的标高水平线，并在墙上弹出主龙骨分隔位置线，以便确定吊点位置。

2. 安装主龙骨吊杆

根据顶棚标高水平线及主龙骨分隔位置线，确定吊杆下端头的标高，安装直径 8 mm 的全丝吊杆。将膨胀螺栓固定到楼板底部，吊杆间距小于 1 200 mm。

3. 安装主龙骨

主龙骨间距为 900~1 200 mm。通过主龙骨吊挂件将主龙骨与吊杆相连。同时，在墙面上安装∟形边龙骨。

4. 安装次龙骨

次龙骨间距为 500~600 mm，通过次吊挂件与主龙骨连接。

5. 安装小龙骨

按照主龙骨之间的净间距，在地面上切割好小龙骨，并通过支托将其与次龙骨相连接。

6. 龙骨架水平度调整

根据空间的情况，以顶棚的标高水平线为基准，在龙骨架底部拉井字形或 × 形吊线，用水平仪调整龙骨架的水平度，直至符合设计要求，如图 6–8 所示。

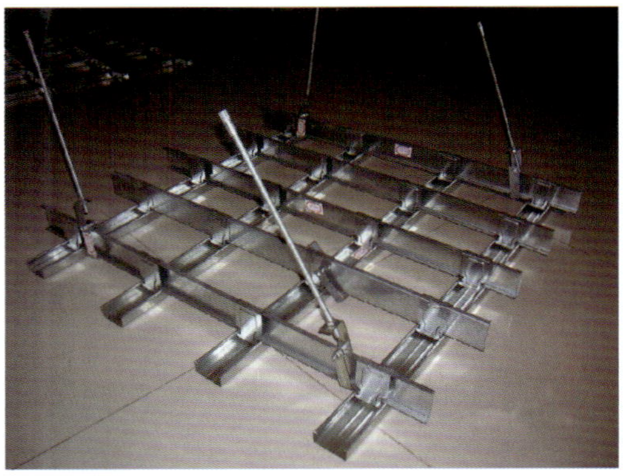

图 6–8 轻钢龙骨组装示意图

7. 检查测试顶棚上隐蔽工程

封石膏板之前必须对顶棚上的强弱电、水、气等管线进行检查和测试，看其安装是否规范、功能是否具备，确定达到要求后才能封板。

8. 龙骨刷防锈漆

轻钢骨架、吊杆、吊杆螺栓在封罩面板前应刷防锈漆，以防止锈蚀。

9. 安装石膏板

先用电钻配 ϕ 3.20 的钻头将石膏板和轻钢龙骨一同钻通，再用专用的防锈石膏螺钉将石膏板安装在轻钢骨架下，螺钉距板边为 20 mm，螺钉间距为 220~280 mm。为方便后续刮白和防锈的需要，钉帽应沉入板面 2 mm 左右。安装完纸面石膏板后检查螺钉是否全面，板边是否还有活动部位，若有应加固螺钉直至紧固。

10. 接缝处理

板缝间留出 5 mm 的缝隙，以便刮涂料时用强力嵌缝胶进行处理。

11. 清扫现场

及时将现场龙骨断料和石膏板边角料收拾干净并清扫场地。

步骤三　纸面石膏板吊顶模拟实训

1. 模拟实训的目的

了解和认识纸面石膏板和轻钢龙骨等材料的特性，明确该吊顶的适用场合，为日后学习室内设计服务。

2. 模拟实训的准备

（1）材料准备：U50 轻钢龙骨系列、纸面石膏板、全丝吊杆、石膏螺钉等。

（2）工具准备：金属切割机、手电钻、电锤、钳子、十字螺丝刀等。

（3）场地准备：找一个 10 m^2 左右、顶部为钢筋混凝土楼板的空间。

3. 模拟实训安排及注意事项

（1）进入模拟施工现场必须戴安全帽，严禁穿拖鞋、高跟鞋或光脚进入施工现场，注意观察，防止物件从空中坠落伤人。

（2）安装顶棚用的操作平台必须牢固，建议使用钢管移动式脚手架。

（3）封板时撑板人员要配合好钉板人员，齐心协力，动作协调。

任务二　铝方板吊顶

不论是公装还是家装，采用铝方板吊顶相当普遍，铝方板在南方也叫铝天花。铝方板吊顶具有简洁明快、施工效率高、防潮防火、拆装便利等优点。不足之处是其造型能力不强，主要适用于一级吊顶即吊平顶的场合。

任务导入：

在装饰施工实训室全过程模拟完成 10 m^2 左右的铝方板吊顶，如图 6–9 所示。

图 6–9　铝方板吊顶

任务分析：

先要了解铝方板吊顶材料，再学习铝方板吊顶的工艺流程和操作要点，最后模拟完成铝方板吊顶实训任务。

任务实施：

步骤一　铝方板吊顶材料

铝方板是用薄铝皮经剪压、冲孔、印制、镀漆而成的一种吊顶饰面材料。表面有冲孔和平面两种，形状有方形和长方形两类，花色分为纯色和图案两种。装修市场中应用得最多最广的是 600 mm × 600 mm 微孔方形板、300 mm × 300 mm 方形板和 300 mm × 600 mm 铝长方形板，如图 6–10 所示。

与铝方板配套的龙骨采用轻钢龙骨，是由 U38 主龙骨、三角龙骨、边龙骨、全丝吊杆、主吊挂件、副吊挂件、螺栓等组成，如图 6–11 所示。

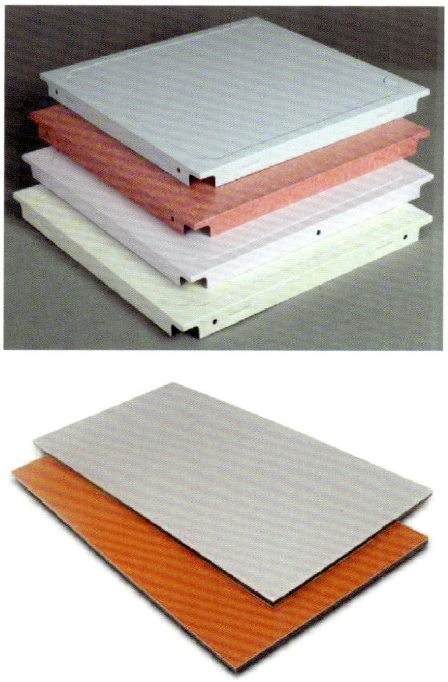

图 6–10 铝方板

图 6–11 铝方板吊顶龙骨配件及组装示例

步骤二 铝方板吊顶的工艺流程和操作要点

一、铝方板吊顶的工艺流程

基层弹线→安装吊杆→安装主龙骨→安装边龙骨→安装次龙骨→安装铝方板→板面清理。

二、铝方板吊顶的操作要点

1. 基层弹线

根据楼层标高水平控制线，按照设计标高，沿墙四周弹顶棚标高水平线，并找出房间中心点，沿顶棚的标高水平线，以该点为中心在墙上画出龙骨分档位置线。

2. 安装吊杆

在弹好顶棚标高水平线及龙骨位置线后，确定吊杆下端头的标高，安装预先加工好的吊杆，吊杆安装用 ϕ8 膨胀螺栓固定在楼板底部上。吊杆选用 ϕ6 全丝圆钢，吊杆间距控制在 1 200 mm 范围内。

3. 安装主龙骨

主龙骨一般选用 C38 轻钢龙骨，间距控制在 1 200 mm 范围内。安装时采用与主龙骨配套的吊件与吊杆连接。

4. 安装边龙骨

按天花净高要求在墙四周用水泥钉固定 25 mm × 25 mm 烤漆龙骨，水泥钉间距不大于 300 mm。

5. 安装次龙骨

根据铝方板的规格尺寸，安装与方板配套的次龙骨。次龙骨通过吊挂件吊挂在主龙骨上。当次龙骨长度需多根延续接长时，用次龙骨连接件。在吊挂次龙骨的同时，将相对端头相连接，并先调直后固定。如果有较重的灯具，还应在结构层底部增加吊挂装置，不可仅靠次龙骨承重，如图 6–12 所示。

图 6–12 铝方板吊顶上的灯具、通风口

6. 安装铝方板

铝方板安装时在装配面积的中间位置垂直次龙骨

方向拉一条基准线，对齐基准线向两边安装。安装时轻拿轻放，必须顺着翻边部位顺序将铝方板两边轻压，卡进龙骨后再推紧。

7. 板面清理

铝方板安装完后，需用布把板面全部擦拭干净，不得有污物及手印等。

步骤三　铝方板吊顶模拟实训

1. 模拟实训的目的

认识铝方板及其配套轻钢龙骨等材料，了解铝方板吊顶的工艺构造。铝方板吊顶实训如图 6-13 所示。

图 6-13　学生进行铝方板吊顶实训

2. 模拟实训的准备

（1）材料准备：U38 轻钢龙骨、三角龙骨、配套的吊挂件和连接件、300 mm × 300 mm 铝方板、ф6 全丝吊杆等。

（2）工具准备：冲击钻、金属切割机、水准仪、钢锯、螺丝刀、钢卷尺、吊线锤、锤子、水平尺、白线、墨斗等。

（3）场地准备：找一个 10 m^2 左右、顶部为钢筋混凝土楼板的空间。

3. 模拟实训安排及注意事项

（1）虽然是模拟施工实训，但封铝方板前也要考虑顶棚内的各种管线及设备因素，确定好灯位、通风口及各种照明孔口的位置。

（2）搭设的移动式操作平台必须连接牢固、放置稳定。使用人字梯攀高作业时只准一人使用，禁止同时有两人作业。

（3）上到移动式操作平台要注意安全，防止吊扇等物品伤人。

（4）吊杆和轻钢龙骨不准固定在管道及其他设备件上。

（5）全丝吊杆可事先按标高要求在地面上裁切好，并穿好螺栓。

任务三　格　栅　吊　顶

格栅式吊顶是一种将镂空的网格状构件吊挂在天棚上的吊顶形式，既有美化作用，又能增加天棚的通透感，使空间显得更高而不压抑。

任务导入：

在装饰施工实训室全过程模拟完成 10 m^2 左右的木格栅吊顶。

任务分析：

格栅吊顶的工艺和以上介绍的吊顶有很多相似之处，所以，本部分中先了解格栅吊顶中格栅的种类，其次掌握木格栅吊顶的工艺流程和操作要点，最后模拟完成木格栅吊顶的实训任务。

木格栅

塑料格栅

图 6-14　不同材质的格栅构件（一）

铝格栅

生态木格栅

图 6–14 不同材质的格栅构件（二）

任务实施：

步骤一 格栅吊顶的种类

格栅吊顶主要是按网格构件的材质不同来进行分类。网格构件可以是成品，也可以用木方现场制作；形态可分为方格、长方格、长条格等；材质有塑料、天然木材、铝、生态木等，如图 6–14 所示。考虑到不同栅格构件吊顶的相似性，以下主要介绍木格栅吊顶的施工工艺。

具体空间可以全部采用某一种格栅吊顶，也可不同的格栅混合运用，还可和其他吊顶综合使用，如图 6–15、图 6–16 所示。

图 6–15 全部采用一种格栅的吊顶

两种不同格栅混合运用

格栅和其他吊顶综合运用

图 6–16 格栅吊顶

步骤二 木格栅吊顶的工艺流程和操作要点

木格栅吊顶是比较复杂的施工项目，涉及的材料多，准备和制作时间较长，技术水平要求较高。安装成形后需做表面涂刷、玻璃安装等，要求精心操作，细致施工。

一、木格栅吊顶的工艺流程

弹控制线→打眼装木楔→制作木格栅→楼板刷乳胶漆→安装灯具基座→格栅刷防火漆→吊装格栅→格栅找平→安装阴角线→涂刷清漆→清理现场。

二、木格栅吊顶的操作要点

1. 弹控制线

根据设计弹出格栅底部的标高控制线和吊杆安装线。标高控制线应以四周墙面水平线为基准。

2. 打眼装木楔

在墙面及顶棚楼板上钻孔并安装木楔，顶棚若有较重的吊件则要用符合要求的铁丝固定在楼板底部的挂钩上。

3. 制作木格栅

木格栅骨架制作前要准确测量顶棚尺寸，根据测量尺寸下料制作。格栅要精加工，表面抛光，横竖龙骨交接处或开半深槽搭接，或直接使用开口料。

4. 楼板刷乳胶漆

楼板底部刷一层如黑色等较深颜色的乳胶漆，以统一背景，衬托出格栅。

5. 安装灯具基座

吊装格栅之前应先安装好诸如灯具之类的较重吊件的基座或挂钩。

6. 格栅刷防火漆

格栅吊顶之上如有电线之类的管线，按建筑装修消防设计规范须对木格栅表面刷 2 遍防火漆。

7. 吊装格栅

安装时采用整体吊装方法，把木格栅骨架整体提升到标高线以上并与吊杆连接。如格栅面积较大，可采用分单元的形式分别提升，但注意各单元之间的提升顺序和连接关系，并保证单元连接处的标高相同。

8. 格栅找平

吊杆与格栅骨架全部连接好后，通过调整吊件的长度对格栅面找平，把格栅骨架调整到与控制线平齐后，将四周靠墙的木格栅固定在墙内的木楔上。

9. 安装阴角线

靠墙的木格栅与墙面之间或多或少会出现缝隙，需沿墙柱安装一圈阴角线，以做收边。

10. 涂刷清漆

木格栅骨架安装完毕后在其表面刷涂或喷涂清漆 2~3 遍。

11. 清理现场

收拾工具与材料，及时清理打扫现场。

步骤三　木格栅吊顶模拟实训

1. 模拟实训的目的

通过实训明确木格栅吊顶是走廊、玄关、餐厅及有较大顶梁等空间常用的顶棚处理方法，不仅能够美化顶棚，同时还能起到调节照明、增加环境的整体装修效果的作用。

2. 模拟实训的准备

（1）材料准备：25 mm × 40 mm 木方（间距 300 mm 或 200 mm 的开口料）、20 mm × 20 mm 木阴角线、1 寸半圆钉、30 mm 气钉、砂纸、腻子膏、清漆等。

（2）工具准备：型材切割机、气泵与喷枪、刷子、油灰刮子、手电钻、卷尺、螺丝刀、钢锯、钳子、铁锤等。

（3）场地准备：10 m^2 左右的钢筋混凝土楼板的顶棚。

3. 模拟实训安排及注意事项

（1）灯具基座可在木格栅骨架制作时安装，格栅吊装后接通电源进行测试。

（2）如果格栅内框安装装饰条，应在地面装完。

（3）格栅的具体做法较多，除现场用木方制作外，作为实训，也可以购买格栅成品完成吊顶，如图 6–17 所示。

图 6–17　塑料格栅成品

（4）要求构造合理，安装牢固，表面平整，油漆均匀，颜色一致。

项目七　油漆涂料装饰施工

知识点：

内墙腻子、乳胶漆和木器漆；仿瓷和乳胶漆施工工艺及操作要点、木器漆施工工艺及操作要点

技能点：

任务一　内墙腻子和乳胶漆施工

任务二　木器漆施工

任务一　内墙腻子和乳胶漆施工

涂料是指涂敷在基层表面，并与基层材料能很好地黏结，形成完整而坚韧的保护膜的材料。涂料按照稀释材料的不同分为两大类，即水性涂料和油性涂料。水性涂料是指以水为稀释材料的涂料，如仿瓷涂料、乳胶漆等；油性涂料是指以溶剂为稀释材料的涂料，即通常所说的油漆，如调和漆、磁漆、聚酯漆醇酸漆等。涂料和油漆本来是包含与被包含的两个不同的概念，但由于油漆在装修中占有重要地位，所以习惯上并称为油漆涂料。项目四“墙面装饰施工”中的真石漆、液体墙纸、硅藻泥、墙衣、墙纸等广义上说也属于油漆涂料的范畴。在装修中，内墙腻子和乳胶漆是目前使用最为普遍的两种水性涂料，且一般是配套使用。

任务导入：

在装饰施工实训室全过程模拟完成 10 m^2 左右的内墙腻子和乳胶漆施工。

任务分析：

先学习内墙腻子和乳胶漆的基本材料知识，然后了解仿瓷涂料和乳胶漆的工艺流程和操作要点，最后模拟完成内墙腻子和乳胶漆的实训任务。

任务实施：

步骤一　内墙腻子和乳胶漆

1. 内墙腻子

内墙腻子粉品种很多，不同品种其组成成分不尽相同。腻子粉形状如图 7–1 所示。就普通环保配方来说，内墙腻子粉由基料、填料和助剂组成。基料是腻子粉黏结的主要成分，能有效黏结基面，填补裂缝。常见的黏接剂是由白水泥和有机聚合物组合而成的，具有优良的黏结性、耐候性、拉伸性、抗裂性等特点，能有效提高腻子的性能。填料主要起到填充的作用，常用的有碳酸钙、滑石粉和石英砂等。助剂有增稠剂、保水剂和抗冻剂等，在储存、施工过程中，能有效在低温的环境下存储，保持性能的稳定性。加入一些纤维剂，能有效增加腻子的抗裂作用。加入的助剂不同，可以生产出不同性能的内墙腻子粉，如图 7–2 所示。

图 7–1　内墙腻子粉形状

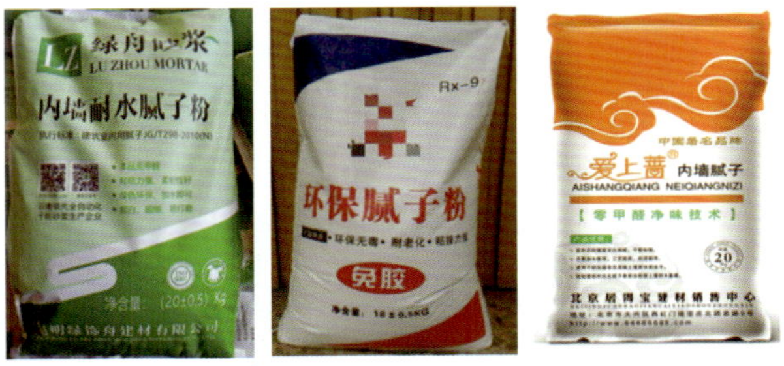

图 7–2　不同性能的内墙腻子粉

2. 乳胶漆

乳胶漆又称合成树脂乳液涂料，是有机涂料的一种，是以合成树脂乳液为基料加入颜料、填料及各种助剂配制而成的一类水性涂料，因呈乳液状而得名，如图 7–3 所示。乳胶漆有很多种类，根据生产原料的不同，乳胶漆主要有聚醋酸乙烯乳胶漆、乙丙乳胶漆、纯丙烯酸乳胶漆、苯丙乳胶漆等品种；根据产品适用环境的不同，分为内墙乳胶漆和外墙乳胶漆两种；根据装饰的光泽效果又可分为无光、哑光、半光、丝光和有光等类型。装修中使用最普遍的乳胶漆以水为稀释剂，是一种易于涂刷、无毒无味、耐水性强、透气性好的涂料，可根据不同的配色方案调配出不同的颜色。

通常情况下，室内墙柱面和天棚面完成内墙腻子之后紧接着就是刷乳胶漆，即两者配套使用。当然，除了刷在内墙腻子基面上之外，乳胶漆也可直接刷在诸如抹灰面等其他材质的基面上，但不宜涂刷在材质性质相斥的木质及金属表面，即使要涂刷也须先对基层进行特殊的处理，否则使用一段时间后涂层很容易开裂脱落。

图 7–3　桶装乳胶漆

步骤二　内墙腻子工艺流程和操作要点

一、工艺流程

基层处理→调制腻子→刮涂腻子→造角找直→打磨腻子面。

二、操作要点

1. 基层处理

总体上腻子对基层的要求是：表面坚固，无疏松、脱皮、粉化等现象；基层表面的泥土、灰尘、油污、杂物等脏迹必须洗净清除；基层的含水率 < 10%，pH 值 < 10；基层表面应平整，阴阳角及角线应密实，轮廓分明。

具体到不同的基层，其处理方法和要求也不同：

（1）对于表面很平整的大模板混凝土墙面、楼板倒面，应先清除因涂刷隔离剂而留下的油污。油污清除后，待表面干燥时，再批嵌缝石膏。嵌缝石膏如图 7–4 所示。

图 7–4　补缝填坑用的嵌缝石膏

（2）传统的白灰墙面，不平整之处先用嵌缝石膏找平处理，然后用砂纸打磨，尽量做到不破坏原基层。

（3）墙面新装或翻新应先清除浮灰，铲除起沙翘皮、霉变污损、凸起颗粒等。清理完后再批嵌缝石膏，待嵌缝石膏干后将其打磨平整，然后才能大面积刮内墙腻子。

（4）纸面石膏板之间的接缝有密缝和离缝两种工艺。密缝处也需进行一些特殊处理，因为基层随温度的变化出现胀缩，会造成涂层开裂、脱落。可以用内墙腻子将防开裂网状绷带贴在板缝处，并刮平，如图 7–5 所示。待干后将其打磨平整，再大面积刮内墙腻子。

2. 调制腻子

往桶内倒入适量清水，打开袋装内墙腻子粉倒入水中，用电动搅拌器搅拌，如图 7–6 所示。先搅拌 1 分钟左右，将腻子粉与水搅拌均匀，搅拌后静置 10~15 分钟，然后再次搅拌即可使用。静置的目的是让腻子粉里添加的各种助剂在水中充分溶解，以保证其性能的发挥和工程质量。

图 7–5 天棚面批嵌找平

图 7–6 搅拌腻子

3. 刮腻子

除了密缝，纸面石膏板接缝的另一种工艺是离缝，即板和板之间留有 5~7mm 宽的缝隙，不足 5mm 的用裁纸刀割开，在板缝间嵌入防裂宝之类的稠状黏胶。其他较细的缝可用网状绷带贴好。所有缝隙处理完毕后，用 0.3mm 厚的弹性刮板整体刮涂 2~3 遍，如图 7–7 所示。刮涂时一般右手拿刮板，左手拿灰铲，如图 7–8 所示。需要注意的是，待第一遍彻底干燥后才能刮涂第二遍。等第二遍涂膜干燥后注意检查所有刮涂面，局部不平整处或开关插座面板四周可做第三次补刮。

三角油灰铲

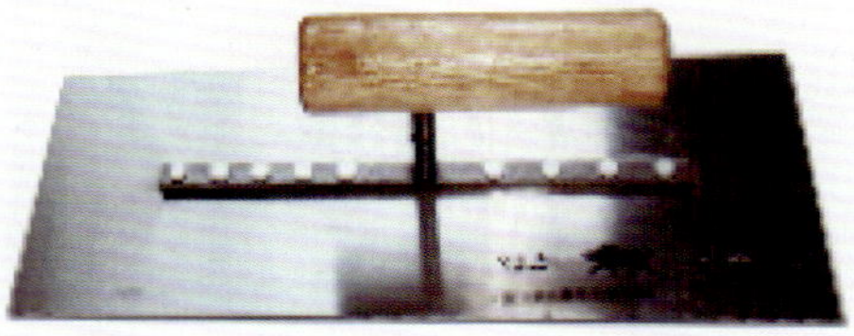

不锈钢薄片刮板

图 7–7 刮腻子的工具

图 7–8 刮腻子

4. 造角找直

刮涂至有阴阳角处，一般使用阴阳角保护塑料条，如图 7–9 所示。先粘住塑料条，待干后刮腻子，边角不整齐处用细砂纸打磨，做到角度方正、角楞挺直。

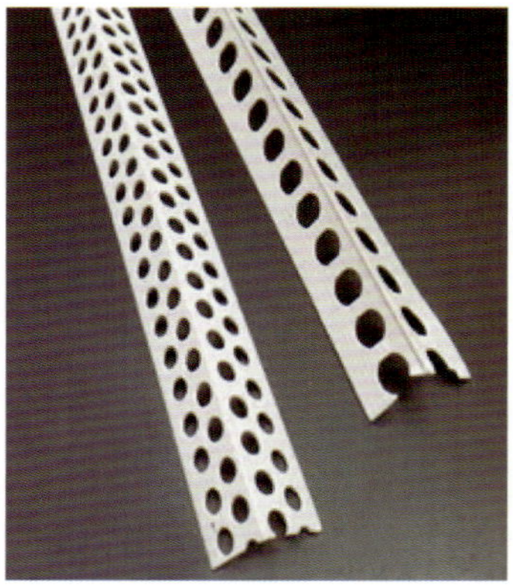

图 7-9 阴阳角保护塑料条

图 7-11 砂纸架

图 7-12 用砂纸打磨机打磨腻子墙壁

5. 打磨仿瓷面

这是刷乳胶漆之前的关键步骤，具体内容详见步骤三。

步骤三 乳胶漆工艺流程和操作要点

一、乳胶漆的工艺流程

打磨腻子面→刷第一遍乳胶漆→刷第二遍乳胶漆→刷第三遍乳胶漆→清理现场。

二、乳胶漆的操作要点

1. 打磨腻子面

刮完腻子后，用 200 W 太阳灯侧向照射墙柱面或天棚面，对稍有突出的面、刮痕、颗粒等用粗砂纸打磨平整，最后用细砂纸打磨至平整、光滑，如图 7-10 所示。打磨时可用砂纸架，也可用砂纸打磨机，如图 7-11、图 7-12 所示，但绝对不能徒手拿着砂纸打磨，否则越打越不平。

图 7-10 灯泡照射打磨腻子墙壁

2. 刷第一遍乳胶漆底漆

乳胶漆一般刷三遍，一遍底漆，两遍面漆。底漆和面漆须选择同一品牌，成套使用。底漆具有承上启下的作用，不仅能屏蔽墙面，防止墙面反碱，还能与面漆相互作用，增加面漆的亮度。乳胶漆的涂刷顺序是先刷顶板后刷墙柱面，墙柱面是先上而下。

刷之前须对开关插座面板、家具等进行保护性遮挡，可用报纸临时遮挡，以防污损。刷乳胶漆一般采用辊子滚涂，如图 7-13 所示。桶装乳胶漆使用前应搅拌均匀，可适当加水进行稀释，以防止头遍漆刷不开。由于乳胶漆漆膜干燥较快，因此，操作要做到连续、迅速。涂刷时，要上下顺刷，互相衔接，避免干燥后出现接痕。

3. 刷第二遍乳胶漆面漆

第二遍乳胶漆操作要求同第一遍。使用前要充分搅拌，若不是很稠的话不宜加水或少加水，保证第二遍的稠度以防止露出第一遍的底漆。

图 7–13 辊涂乳胶漆

4. 刷第三遍乳胶漆面漆

此遍可根据整体情况适当作选择性的辊涂或刷涂。原则上是，前两遍已经完全覆盖且饰面均匀的大面可免刷第三遍，顶棚处也可免刷此遍。此遍主要是解决经常接触的墙面的耐擦洗问题，可用小桶装耐擦洗乳胶漆辊刷，开关插座面板附近甚至还可刷第四遍。

5. 清理现场

清除报纸等遮挡物，清理门套边沿、地面上、踢脚线顶部的乳胶漆，如图 7–14 所示，并将场地打扫干净。

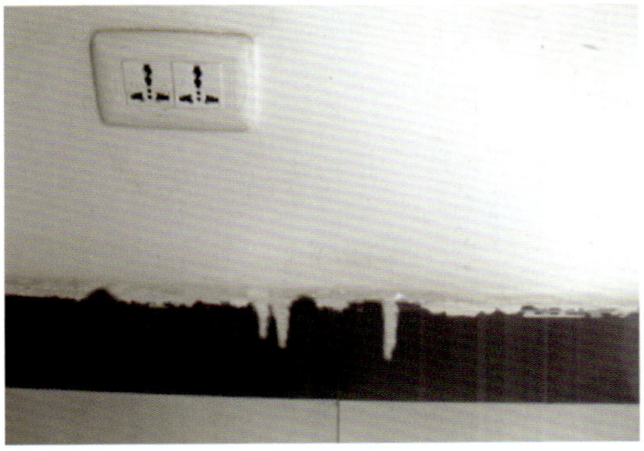

图 7–14 须清理的踢脚线顶部的乳胶漆

步骤四 内墙腻子乳胶漆施工模拟实训

1. 模拟实训的目的

掌握内墙腻子涂料和乳胶漆的施工工艺，对墙面和天棚面的大众化装修有透彻的理解，更好地为从事室内设计、装饰工程预算、装饰施工管理等职业岗位工作服务。

2. 模拟实训的准备

（1）材料准备：内墙腻子粉 2 袋、240# 和 500# 砂纸若干、防裂宝 1 盒、小袋嵌缝腻子粉 1 袋、绷带 2 卷、胶纸贴 5 卷、阴阳角保护塑料条 10 根、大桶装白色乳胶漆底漆 1 桶、面漆 2 桶。

（2）工具准备：手持式搅拌器、纯羊毛滚刷、三角油灰铲、不锈钢薄片刮板、砂纸架、带防护网罩的 200 W 灯泡、塑料桶、钢卷尺、5 cm 宽刷子等。

（3）场地准备：提前准备一间 10 m^2 左右的样板间，要求顶部有纸面石膏板吊顶、墙面已找平。

3. 模拟实训安排及注意事项

（1）刮内墙腻子和刷乳胶漆可分成两大组依次进行实训。

（2）涂料的贮存和施工应在 5 ℃以上。

（3）打磨砂纸所用灯泡要接线规范，必须配有防护网罩，如图 7–15 所示。打砂纸时不能磨穿腻子。

（4）辊涂时要上下顺刷，间隔时间不能太长，否则容易出现接茬。

（5）涂刷带颜色的乳胶漆时，配料要合适，保证独立面每遍用同一批涂料。并且一次用完，以保证颜色一致。

（6）要保持乳胶漆的稠度，不可随意加水过多，涂层不能太薄。

（7）涂刷工具使用完后要及时清洗并妥善保管。

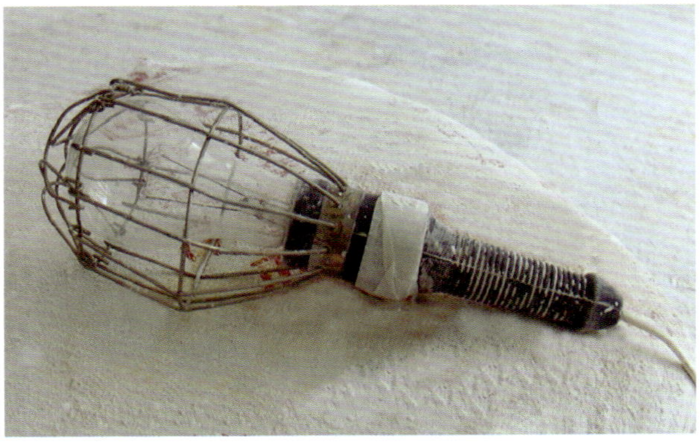

图 7–15 带防护罩的灯泡

任务二 木器漆施工

木器漆的种类很多，可以从不同的角度进行分类，而聚酯漆是当今装修市场上使用最为普遍的一种木器漆。

任务导入：

在装饰施工实训室全过程模拟完成 10 m^2 左右的木器漆施工。

任务分析：

简要了解木器漆当中聚酯漆的基本知识，掌握聚酯漆施工的工艺流程和操作要点，然后模拟完成聚酯漆的实训任务。

任务实施：

步骤一　聚酯漆

聚酯木器漆分为面漆和底漆两种。底漆是面漆的基础，底漆包括透明底漆和有色底漆两种，透明底漆即常说的清漆。底漆具有封闭性高、干燥快、易砂磨等优点；面漆分透明清漆、彩色透明漆、光泽度不同的透明清漆（常用的有高光、半哑光、全哑光等）。面漆具有漆膜光滑、硬度高、耐磨、耐热、耐划痕等优点。本项目主要介绍聚酯清漆的施工工艺。

聚酯漆出厂时按组包装，一组为三桶，分别为漆料、固化剂和稀释剂，如图 7–16 所示。漆料为成膜物质，固化剂促使漆膜干化硬结，稀释剂可起稀释、清洗作用。涂刷时三者缺一不可，均应按照包装桶上的说明合理混合调制使用。

聚酯清漆的底漆刷涂 2~3 遍，面漆刷涂 4~8 遍。聚酯清漆可手工刷涂，也可喷涂，但喷涂的效果更佳。

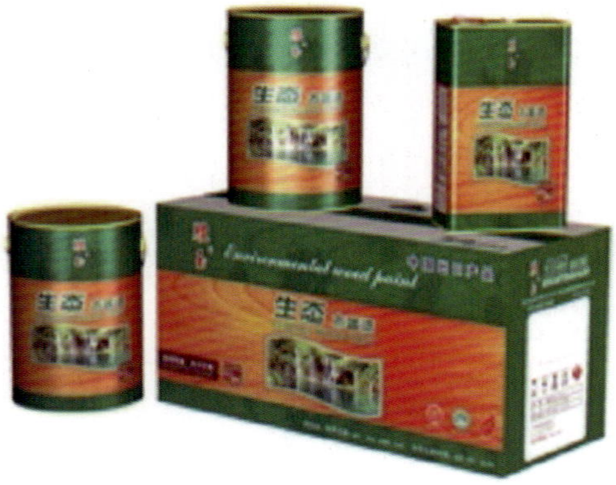

图 7–16　聚酯漆套装组

步骤二　聚酯清漆施工工艺和操作要点

一、聚酯清漆施工的工艺流程

板材封闭→填孔处理→底漆施工→砂磨处理→清洁环境→面漆施工。

二、聚酯清漆施工的操作要点

1. 板材封闭

清漆具有显露面板（即三合板，具有装饰纹理，贴面用）原色和纹理的透明效果，为了避免面板在加工过程中受到各种污损而影响板色及纹理，面板的正面经清洁后均应刷一遍保护底漆，以封闭整张面板，如图 7–17 所示。需要注意的是，最好是选用未经过漂白的板材，漂白过的板材直接刷涂油漆会引起泛黄，一定要进行预处理，可用水加少量洗衣粉清洗，待完全干燥后再刷油漆；对于白榉、枫木等浅色板，需用耐黄变的封闭剂；对于较脏的板材，须用溶剂清洗干净后再刷封闭漆。

图 7–17　整张板封闭

要求：刷一遍即可，但要涂刷均匀，无流挂，无漏刷。

2. 填孔处理

填孔处理的作用是通过刮涂腻子，填充钉眼、木孔，减少油漆用量，提高漆膜的平整度，如图 7–18 所示。腻子可用腻子粉加清漆和颜料调制，也可用半成品钉眼腻子或原子灰，如图 7–19 所示。需要注意的是，因为是透明的清漆工艺，腻子调色后先小面积试用，和板材颜色一致后再进行大面积刮填；只填木眼，不填木径；用力刮涂，将腻子充分积压入木眼；选用 240＃~320＃砂纸打磨，将木径上的腻子彻底清洁干净。

要求：钉眼、木眼填刮到位，打磨平整，距离 1 m 处看不见钉眼，且纹理清晰。

图 7–18　钉眼

图 7–19　钉眼腻子

3. 底漆施工

刷面漆之前先刷 2~3 遍底漆，以填平木孔，增加漆膜厚度。需要注意的是，要选用配套的稀释剂、固化剂，以免引起咬底、起皱；开罐后搅拌均匀，按要求比例进行配漆；头遍底漆实干后，用 320＃砂纸彻底打磨后，再涂下一遍底漆；面漆施工前，应先后使用 320＃和 600＃砂纸砂磨成毛玻璃状，从 45° 角看基本上无亮点了，再进行面漆的施工，如图 7–20 所示。

要求：均匀涂刷，无流挂，涂刷后木眼漆面填充平整。

4. 砂磨处理

砂磨处理是底漆之后面漆之前的第一个重要环节，通过对底漆面的砂磨，使整个漆膜表面平整、光滑，形成毛玻璃状，增强层间的附着力。需要注意的是，不同工序应选用不同型号的砂纸进行施工：底漆砂磨 320＃、面漆前底漆砂磨 600＃、面漆砂磨 600＃~800＃、面漆抛光砂磨 1 500＃~2 000＃；透明清漆涂装须顺着木纹砂磨；砂磨要彻底，不能横向砂磨，不能采用过粗的砂纸。

要求：底漆面平整光滑，无亮点。

图 7–20　刷底漆

5. 清洁环境

清洁环境是底漆之后面漆之前的第二个重要环节，通过清除底漆砂磨产生的灰尘等杂质，减少漆膜表面颗粒，使漆膜表面有更好的涂装效果。需要注意的是，可以先用吸尘器清除地面上的灰尘；用毛刷清扫待涂物件的表面，再用半干毛巾擦拭干净，最好是采用专用除尘布擦拭；面漆须涂刷很多遍，在每一遍面漆之前都必须进行环境清洁。

要求：每一遍除尘都必须干净，手摸在被涂物的表面基本上无颗粒。

6. 面漆施工

面漆主要是起装饰、保护作用，是最终漆膜效果的保证。为得到丰润的漆膜效果，面漆需刷涂 4~8 遍。需要注意的是，面漆施工前要均匀搅拌，并按包装上提供的要求进行调配，配漆过滤后应静置 10~15 分钟；选用优质羊毛刷刷涂或用喷枪喷涂；配漆用的盆罐必须用稀释剂清洗干净；用过的羊毛刷必须马上清洁干净，也可暂时浸在清水中，不能泡在漆罐里；配好的漆须在规定时间内用完；如需做抛光，应选用 1 500＃~2 000＃水砂纸水磨干后，打固体蜡抛光。如图 7–21 所示。

要求：面漆涂刷要均匀、无流挂、无漏刷、光泽均匀，无明显刷痕，手感光滑细腻，无颗粒、刷毛、气泡等。

图 7-21　喷面漆

步骤三　聚酯清漆施工模拟实训

1. 模拟实训的目的

通过聚酯清漆涂刷实训，认识常见的油漆材料和用品，掌握油漆施工的基本工艺和操作规范。

2. 模拟实训的准备

（1）材料准备：聚酯清漆底漆 1 组，面漆 2 组、240#~800 # 砂纸若干、腻子粉 1 kg、某色矿物颜料等。

（2）工具准备：气泵、喷枪、羊毛刷、三角油灰铲、砂纸架、小塑料盆、抹布、口罩等，如图 7-22 所示。

（3）场地准备：实训室现有的木门及其门套、柜子、桌子、窗帘盒等涂刷面约 10 m^2 的木质构件，如图 7-23 所示。

3. 模拟实训安排及注意事项

（1）油漆涂刷实训必须在产品要求的室内温度内施工。

（2）每一工序确保干透方后进行下一遍工序。

（3）刷或喷油漆时要保持室内通风，操作人员应戴上口罩。

（4）不准在实训现场抽烟或使用明火，以防火灾或爆炸。

（5）可刷涂与喷涂相结合，以便全面了解油漆工艺。

（6）油漆对象刮填完钉眼腻子后刷底漆之前要整体砂磨，可手工打磨，也可用砂磨机打磨，如图 7-24 所示。

（7）正式刷油漆之前应先取小板试刷，确定稠度后再正式涂刷，如图 7-25 所示。

（8）根据实训时间和涂刷进度调制油漆，每次调制的油漆必须当时就用完。暂时停止实训可将刷子浸在清水中，以免硬结而影响使用。

图 7-22　涂刷工具

图 7-23　油漆实训柜

图 7-24　刷底漆前整体打磨

图 7-25　先取小板试刷

项目八 其他装饰施工

知识点：

橱柜安装工艺;装饰栏杆;装饰工程成品保护措施

技能点：

任务一 橱柜安装
任务二 装饰栏杆制作
任务三 成品保护

任务一 橱柜安装

橱柜是厨房内用于烹饪、洗涤、储物、吸油烟等功能的生活设施，主要由吊柜、地柜、台面和各类功能五金配件组成。其发展趋势就是综合性和整体化，形成了目前广为流行的整体橱柜。整体橱柜起源于欧美，于20世纪80年代末90年代初经由中国香港传入广东、上海、北京等地，并逐步向内地其他省市渗透发展。我国于2012年10月1日正式开始实施的《住宅整体厨房行业标准》，对厨房建筑空间及其设施提出了标准化的要求，这使我国橱柜行业步入了工业化、标准化、规模化的生产时代。

任务导入：

组织参观整体橱柜的安装过程。

任务分析：

简要了解橱柜的发展过程，掌握整体橱柜的安装工艺流程和操作要点，然后到现场观看橱柜的安装过程。

任务实施：

步骤一 橱柜的发展过程

橱柜由来已久，其内涵和外延不仅仅停留在橱柜本身，已拓展到厨房中各种配套设施，在一定意义上与厨房的含义基本相同，加之在我国的发展情况存在很大的不平衡，所以，以下粗略地将厨房的发展情况划分为三个阶段。

一、20世纪80年代以前的厨房

只有传承了历史文化，才有自己的民族灵魂，厨房的历史文化也是如此。20世纪80年代以前，由于经济条件的限制，此时期的厨房有三个特点:一是功能件少，只有灶台、碗柜、水缸等，唯一的电器就是照明灯泡，以煤炭或柴火为燃料，无自来水、燃气、保温、消毒等设备;二是各功能件彼此独立，且配套设施不全，橱柜如碗柜独立摆放，与其他功能件无设计上的考虑，行走线路不合理，使用不太方便;三是传统的简单装修，大多是白灰墙、水泥砂浆地面等，如图8-1所示。

图8-1 20世纪80年代前的厨房

二、20世纪80至90年代的厨房

这段时期的厨房主要有三个方面的改善:一是增加了几台电器，如热水器、燃气灶、窗式排气扇等，使用功能有所提高;二是布局更为紧凑，橱柜分吊柜和地柜，有组织地和其他功能件组合在一起;三是装修有所改善，广泛使用瓷砖贴墙和铺地，使用功能进一步提升，如图8-2所示。

三、20 世纪 90 年代末期的整体厨房

到 20 世纪 90 年代末，随着改革开放的扩大和深化，人民群众的经济收入进一步增长，受国际厨卫文化的传播影响，我国国民的生活方式逐步发生改变，现代家庭橱柜这一新生事物迅速在全国各地蓬勃发展，整体橱柜已进入千家万户。其主要特点表现为整体橱柜中橱柜与厨房家电的空间组合设计。在某种意义上，可以把整体厨房的设计等同于整体橱柜的设计。整体厨房主要有三个方面的亮点：一是功能性进一步增加，且造型和功能进一步做了改进，燃气灶、微波炉、油烟机、冰箱、洗涤盆等通过设计与橱柜有机组合为一体；二是设计上厨房不再单独考虑，厨房的设计融入整套住宅的装饰设计之中，此时的设计理念和设计风格已不再停留在传统的使用功能上；三是硬装修档次大幅提升，不仅整体橱柜本身的材质和工艺，就连水电安装和照明、厨用电器、墙面、地面和顶棚装饰材料、门窗及门窗套等在设计和制作工艺上都有讲究，打造出一个全新的厨房艺术空间，如图 8-3 所示。

图 8-2　20 世纪 80 至 90 年代的厨房

图 8-3　20 世纪 90 年代后期的整体厨房

步骤二　整体橱柜的安装工艺流程和操作要点

一、整体橱柜安装的工艺流程

安装地柜→安装吊柜→安装台面→安装抽屉→安装门板→安装踢脚板→安装水盆。

二、整体橱柜安装的操作要点

1. 安装地柜

橱柜制作安装前橱柜经销商应先在现场量取尺寸，并经了解业主的具体要求后进行整体设计，把设计图纸发往厂家。厂家加工制作成半成品后打包发货至现场，如图 8-4 所示。这些板材或半成品厂家都会编好标号，以便现场安装时不出差错。

开封后先安装地柜。用包装中配套的专用木销、偏心件、连接杆等将柜板连接成柜体，并装上柜脚，如图 8-5~ 图 8-7 所示。

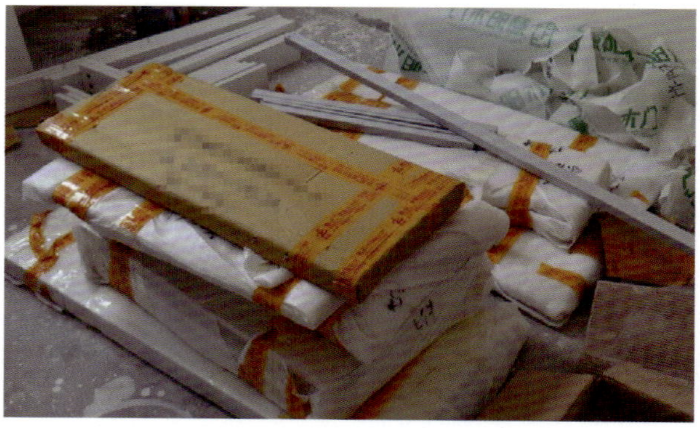

图 8-4　送至现场的橱柜

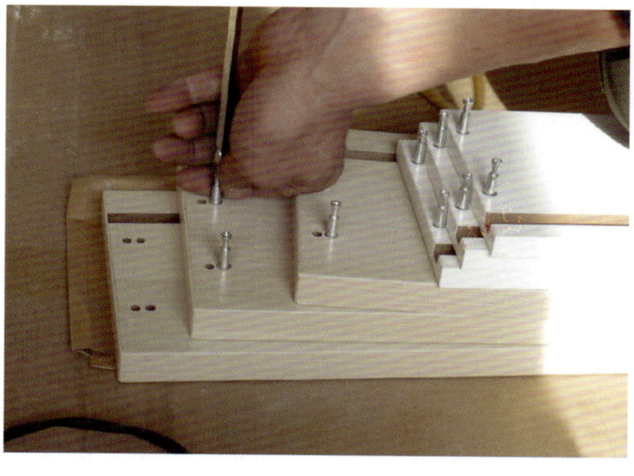

图 8-5　安装柜板连接件

图 8-6 组装地柜

图 8-7 地柜组装成型

2. 安装吊柜

和地柜一样先将吊柜组装成型，然后根据设计高度安装吊码，如图 8-8 所示。吊码安装时需要注意方向，不能左右放错，同时应注意敲击力度，避免损伤吊码，安装背板时注意开缺方向，开缺方向应向吊码处。

安装吊柜应从上往下挂，拧紧吊码，打水平，确保吊柜与墙体靠紧、挂牢。其中，吊码中的上螺钉是上下调节，下螺钉是前后紧固。

吊柜安装完毕后应在柜体与墙面接触部位打硅胶，使柜体与墙面紧贴，注意吊柜顶部与棚顶的处理，如果吊柜是与棚顶相连则注意连接处缝隙的处理，做到外观上上下一体，如图 8-9 所示。

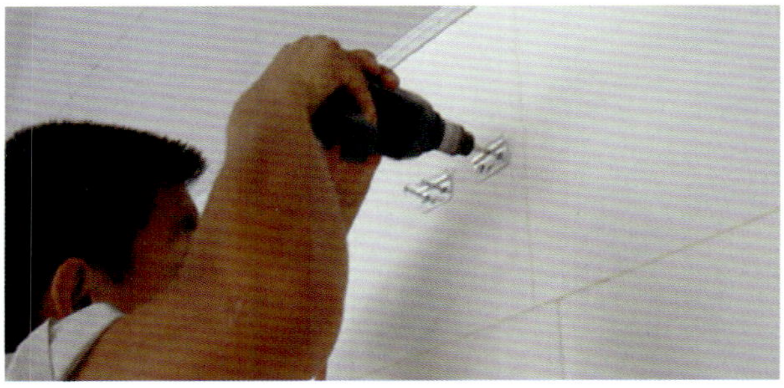

图 8-8 安装吊码

图 8-9 吊柜上墙固定

3. 安装台面

台面不是直接安装在地柜上，须先在地柜顶部安装垫板或支架，以承托台面，如图 8-10 所示。若遇厨房墙面有凹凸，需量准尺寸切割台面，然后再将台面搬至地柜上定位，如图 8-11 所示。

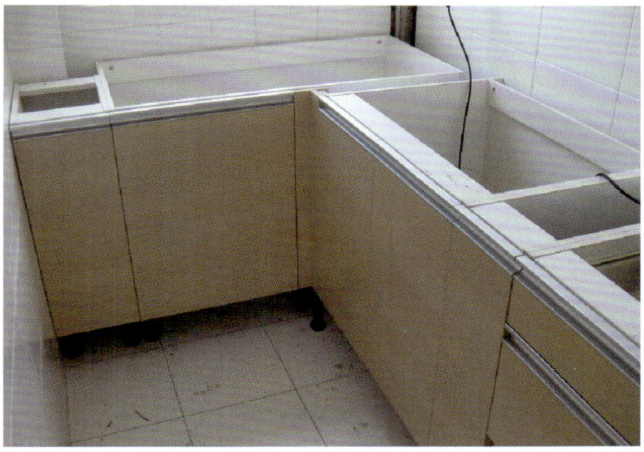

图 8-10 地柜顶部安装垫板

图 8-11 安装台面

4. 安装抽屉

将抽屉或拉篮组装成型，按照厂家预先钻好的螺孔将套装抽屉轨道分别安装到地柜的侧板和抽屉的侧板上，如图 8-12、图 8-13 所示。

图 8-12　安装拉篮

图 8-13　安装抽屉

5. 安装门板

按厂家预先开孔位置将铰链安装到门板上，如图 8-14 所示，再将门板装于柜体上，如图 8-15 所示，通过调整铰链上的螺丝来调整门板的位置，直至密合、均匀。

图 8-14　门板安装铰链

图 8-15　安装门板

6. 安装踢脚板

按照半成品踢脚板的尺寸调整柜脚高度，直至两者合适。根据长度裁切踢脚板。长度方向和高度方向均留出 2~3 mm 的缝隙以适应膨胀和收缩，用螺钉固定，并用硅胶填补缝隙，如图 8-16 所示。

图 8-16　安装踢脚板

7. 安装水盆

按照嵌入式双盆或单盆的尺寸在台面上画线开孔，因切割时灰尘较大，应穿戴防尘装备，如图 8-17 所示。切割完后须对切口做打磨处理，并用锡箔纸封住切口，以起缓冲作用，之后将盆体装入盆孔，如图 8-18 所示。

图 8-17　切割盆孔

图 8–18 安装水盆

步骤三 组织参观整体橱柜的安装过程

1. 参观的目的

通过现场参观学习，了解整体橱柜的材料和配件情况，理解整体橱柜安装工艺和操作规范，思考厨房设计中的相关问题。

2. 组织参观的准备

（1）地点准备：整体橱柜安装专业性很强，通过校外实训基地联系 2 处左右正准备安装整体橱柜的工地。

（2）时间准备：按照本课程教学标准要求和授课计划进度，适时组织参观。

3. 参观注意事项

（1）考虑到现场厨房的空间较小，统一到工地后，将学生分批按顺序进入安装现场，暂未轮到或已参观者在外等待。

（2）要求学生自带卷尺、笔记本和笔，以便做必要的学习记录。

（3）经允许可适当拍照，作为撰写参观实训报告的素材。

（4）返校后按规定时间撰写参观学习报告。

任务二 装饰栏杆制作

装饰栏杆涵盖室内室外的各种具有装饰性的栏杆，此处仅指室内装饰性楼梯栏杆。室内楼梯栏杆是建筑物的一个组成构件，主要是起安全围栏的作用。由于室内装饰设计的需要，楼梯栏杆的装饰性日益突出。制作室内装饰性楼梯栏杆的材质有很多，常见的有木材、铁艺、不锈钢、铜管、玻璃、石材等。本任务介绍目前装修市场上流行的不锈钢和玻璃相结合的不锈钢玻璃栏杆，如图 8–19 所示。

图 8–19 不锈钢玻璃栏杆

任务导入：

参观不锈钢玻璃栏杆的安装过程。

任务分析：

了解不锈钢玻璃栏杆的形式，然后到现场观看不锈钢玻璃栏杆的制作安装过程。

任务实施：

步骤一 不锈钢玻璃栏杆的形式

不锈钢和玻璃组成的栏杆有很多种形式，按照玻璃固定方法的不同可分为四种：全玻式、镶嵌式、吊挂式和夹板式。

1. 全玻式不锈钢玻璃栏杆

玻璃通过与上面的扶手和下面的踏步或地面的连接来实现固定。安装方法是，玻璃沿楼梯坡度预先加工成平行四边形，下部钻孔用不锈钢螺栓与踏步的端部侧面连接，上部与扶手底部的槽口连接，玻璃与踏步之间的缝隙、玻璃与扶手槽口之间的缝隙均用玻璃胶密封。玻璃之间无连接材料，但两块玻璃之间须留出 8 mm 左右的缝隙，以免玻璃块之间互相碰撞或因温度变化产生应力而损坏玻璃，如图 8–20 所示。

图 8-20 全玻式

2. 镶嵌式不锈钢玻璃栏杆

这种方式的玻璃是通过两侧设置立柱开槽口固定，也可在立柱两边安装带槽口的固定条固定。除两面固定外，也有与地面、立柱两面相连接的三面镶嵌固定的形式，或与扶手的三面固定的形式。安装方法是，把玻璃直接装入这两面或三面槽口，通过向槽口内注入玻璃胶进行固定。立柱不论不锈钢管还是黄铜管或其他材料，都是先在管材的两侧开槽，要求裁口平整光滑，不得有高低不平或带有毛刺（见图 8-21）。

图 8-21 镶嵌式

3. 吊挂式不锈钢玻璃栏杆

吊挂式是指玻璃的重量通过栏杆所设置的上下吊挂件来承受的一种形式。其安装无论采用哪种材质的扶手都要在扶手的下边设置不锈钢吊挂卡，卡子的数量一般按每块玻璃每边安装 2~3 个考虑（见图 8-22）。

图 8-22 吊挂式

4. 夹板式不锈钢玻璃栏杆

夹板式玻璃栏杆是通过工艺立柱上安装的玻璃抓手把玻璃卡住。每根工艺立柱上设置 2~3 个玻璃抓手。其安装方法是，立柱底座芯与踏步上的预埋件铁件焊接，底座用螺栓与底座芯连接，立柱顶部用螺钉与扶手连接，不锈钢抓手夹住玻璃两边与立柱连接。不锈钢工艺与玻璃组成的楼梯栏杆时尚、轻盈（见图 8-23）。

图 8-23 夹板式

步骤二 现场参观不锈钢玻璃栏杆的制作安装

1. 参观的目的

通过现场参观学习，了解室内楼梯栏杆的制作安装情况，拓展室内设计所需施工知识。

2. 组织参观的准备

（1）地点准备：作为整体装修的一个组成部分，不锈钢玻璃栏杆一般是由装饰公司联系专营公司派专业施工人员到现场制作安装，通过校外实训基地联系一个正准备安不锈钢玻璃栏杆的工地。

（2）时间准备：按照本课程教学标准要求和授课计划进度，适时组织参观。

3. **参观注意事项**

（1）了解整个制作安装流程，包括测量放线、预埋件安装、立杆安装、扶手安装、玻璃安装等。

（2）注意安全，分组参观。做好记录，经允许可拍照摄像作为素材。

（3）返校后按规定时间撰写参观学习报告。

任务三　成　品　保　护

在装修工程中对已经完工但还未经过验收的施工产品要采取保护措施，以求最大限度地减少由于产品保护不善引起的工程质量问题，降低工程成本，提升产品质量，向客户交付满意的工程实体。

装修工程中成品保护的内容涉及面较广，包括墙柱面、地面、天棚、门窗及门窗套、开关插座和灯具、洁具、橱柜等；成品保护的环节贯穿施工现场全过程，包括施工前的人员成品保护教育、成品保护制度、材料进场制度，施工中的与成品保护有关的操作制度，施工后的成品保护措施等。

任务导入：

到装修施工现场参观成品保护情况。

任务分析：

学习装修成品保护实例，明确成品保护的重要性，通过某装饰公司的《装修成品保护措施》案例，掌握成品保护的技能，然后到现场参观成品保护情况。

任务实施：

步骤一　装修成品保护实例

装修现场若不及时采取成品保护措施，很容易损坏或污损已完工的成品，造成因清理和返工带来的额外人工费、材料费支出，影响交付使用，破坏企业形象，不利于提高现场管理水平。如图 8-24 所示，某工地做油漆涂料之前未对已经安装的木地板进行保护，造成地板污损。且不说工序安排上的问题，清理木地板上的涂料是一项既费工料又影响工程质量的事，用水清洗会引起木地板边沿发胀起翘，而且会留下印痕；用油灰铲清理会划伤地板表面。

图 8-25 为各装修工地成品保护的实例。

图 8-24　未做保护的木地板

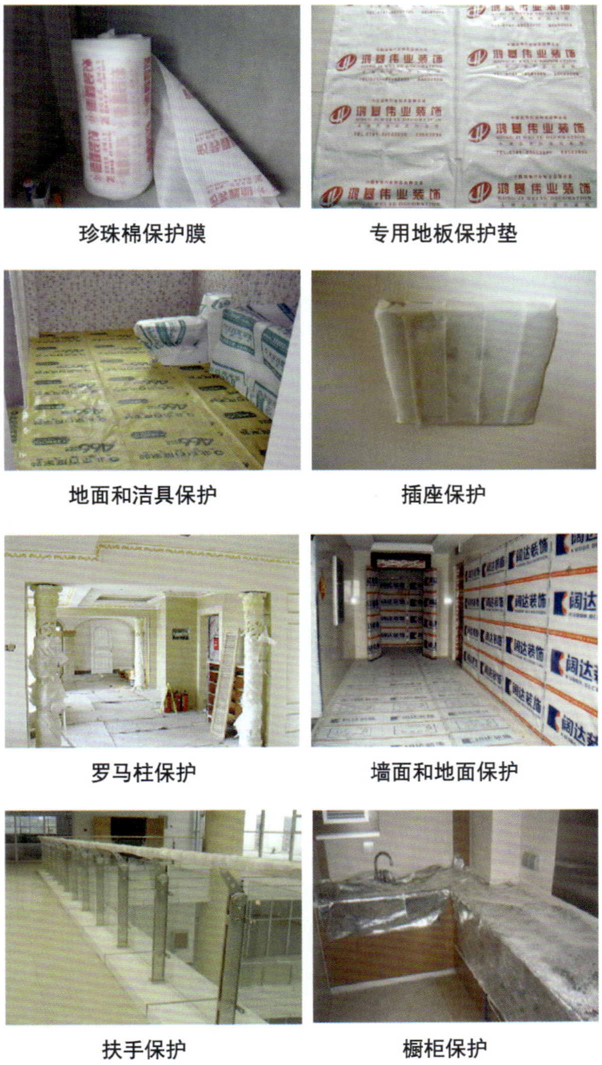

图 8-25　各装修工地成品保护实例

步骤二　某装饰公司《装修成品保护措施》案例

装修工程涉及面广，施工时间长，比较规范的现场管理都有相应的成品保护措施。以下是某装饰公司针对某一精装修工程的成品保护措施摘录。

1. 精装修成品保护措施

1.1 对所有进场施工人员的成品保护培训、教育，在主观上建立成品保护意识。指定专人专职负责成品保护工作，建立确实有效的奖罚制度。

1.2 各专业工种分别做好本专业施工的专业性保护措施，完成的成品或半成品应与有关单位办理书面交接手续。

1.3 项目部应严格规范使用现场的水、电，避免漏水漏电造成成品破坏。

1.4 项目部必须建立运输通道、建立材料堆场和仓库，杜绝材料现场运输和堆放对成品造成的破坏。

1.5 如果施工过程中发现其他专业没有进行成品保护或者成品保护受到破坏时，应及时协调，并通知工程管理人员、监理、发包人及相关单位。

1.6 严禁在成品、半成品上乱涂乱画，如有必要应在不影响成品完成界面的情况下有组织地标记。

1.7 建立垃圾运输通道，有条件的话对垃圾通道进行封闭，禁止乱丢垃圾及高空抛物。

1.8 根据现场情况，应搭建临时卫生间，或在阳台、露台部位放置小便桶等临时卫生设施，坚决禁止现场随地大小便。

2. 精装修施工对前道施工成品的保护措施

2.1 土建成品保护

2.1.1 项目部施工中如需在土建墙体、楼板、结构梁及柱等开洞、开凿，应事先同监理和发包人工程管理人员及相关单位、设计单位进行联系，并取得书面认可后方可施工。未经许可严禁在土建结构上随意开洞、开槽、擅自切割结构钢筋等。取得书面认可后在土建结构上或其他材质的墙体开洞、开槽应按图纸要求，先画线后再进行施工，施工中应采用必要的专用工具。

2.1.2 水泥砂浆找平层完成后 24 h 内不得在上面走动或踩踏。在已经完成的地面找平层上推小车运输时，应先铺脚手板车道，防止破坏找平层。严禁在已完成地面上拌和砂浆。

2.1.3 现场设置施工设备时，应垫板进行隔离，防止油污污染墙面地面。如有污染应及时清理。在进行电、气焊、切割等施工作业时，应采取隔离措施，防止损坏已做好的墙面地面。

2.1.4 在现场建立临时库房或堆放材料时，应采用隔离措施，并要特别保护土建完成的墙、柱、楼梯踏步等阳角部位。

2.2 对水、电、暖等其他配套产品保护

2.2.1 项目部施工时，如遇到水、电、暖等其他专业施工已经完成部位影响装修施工时，应书面通知监理、发包人工程管理人员及相关单位，得到书面认可后方可实施。

2.2.2 精装修施工与各专业交叉施工时，相互配合，相互保护，不得推拉、踏踩已安装好的产品，特别是已保温完的管道和风管。

3. 精装修成品分项保护措施

3.1 装饰原材料保护

3.1.1 所有原辅材料经工程部验收合格后，由项目部仓库管理员负责材料入库，做好入库手续，并按规定标记清楚，严禁混合堆放。只有检验合格的材料及成品才进入成品库。项目部成品库管理员对入库材料须分类存放，并进行清楚标识。材料库及成品均须按规范进行管理，做好防尘、防霉、防火等工作，所有材料均应进行覆盖，并登记造册。

3.1.2 所有材料储存时均应制订保护措施，存放时底部使用水平木材垫平，每层之间须以薄木条隔离，且材料堆放最高不宜超过 10 层；玻璃须竖直存放在专用支架上，每块玻璃之间有隔离纸。

3.1.3 工厂材料搬运中所需运输均应有防护措施，禁止铁件、硬件等直接接触，以免损坏材料。

3.1.4 材料加工平台须按规定铺垫毛毯，并注意不得有杂物，严禁在平台上拖动、碰撞材料，所有材料移动须垂直抬放。

3.1.5 加工完成的材料或成品、半成品，须将表面及内腔的杂屑全部清除，并进行清洁及在成品表面加贴保护膜。

3.2 吊顶成品保护

3.2.1 吊顶工程封板要在水、电、暖等安装完成、验收后，相关单位书面会签，避免返工造成成品破坏。

3.2.2 做好邻窗、邻幕墙部位的维护，防止板材受雨淋、日晒。

3.2.3 吊顶装饰板安装完毕后，不得随意剔凿，如果需要安装设备，应用电钻打眼，严禁开大洞。

3.2.4 吊顶内的给水管道须注水试压完成验收后，

方可进行下道工序，如施工中有对给水管道损坏的情形要及时发现，以免造成更大的损失。

3.2.5 顶部管道阀门部位，注意预留检查孔，以便日后检查维修。

3.2.6 安装灯具和通风罩时须在顶部采用加固措施，避免安装灯具、通风罩时顶部局部受力造成成品破坏。

3.2.7 不得将吊杆吊在吊顶内的通风管、水管等管道上，以防损坏暗管。

3.2.8 吊顶安装完后，施工面不得使用或搬运超高材料和人字梯。

3.3 大理石饰面板

3.3.1 观感要求：

3.3.1.1 板材 1 m 处不可见的缺陷视为无缺陷。

3.3.1.2 板材应平放在地面上，距 1 m 处目测时无色差。

3.3.1.3 板材表面应平整、洁净、色泽一致，无翘曲、裂纹、砂眼、凹陷、色斑和污点，不允许有正面角楞缺陷；板材的抛光面应具有镜面光泽（磨砂面除外）；板材表面严禁出现泛碱和锈斑；嵌缝应密实、平直，嵌缝材料色泽应一致。

3.3.1.4 阴阳角完整、饱满、挺拔。

3.3.2 技术措施：

3.3.2.1 板材不应水平堆放，堆放时应用软木进行衬垫，防止施工交叉污染。不宜堆放在室外，否则应采用薄膜覆盖等措施进行保护。

3.3.2.2 石材铺贴完成黏结达到强度后，将表面清理干净后，石材上要全数铺设防护薄膜并铺设木板，防止踩踏碰坏污染石材饰面。

3.3.2.3 后续施工对石材表面易造成损伤部位或施工通道部位，须对石材表面覆盖保护膜，阳角部位绑扎软木制品等附加保护措施。

3.3.3 组织措施：

3.3.3.1 材料铺装前应全数检查有无缺陷，并对完好品作相应标识和记录。

3.3.3.2 大理石饰面板工程一般宜在墙面隐蔽及抹灰工程、吊顶工程已完并通过验收后进行。

3.3.3.3 石材如有嵌缝材料，应在现场事前进行嵌缝材料和石材相容性的试验，保证施工时相互不污染。

3.3.3.4 有油污的作业场所距石材堆场和完成品，施工距离不宜小于 10 m。

3.3.3.5 地面石材施工期间，黏结强度未到时，要有明显的禁入标志，并由专人值勤指挥不允许踏入饰面区域。

3.3.3.6 搬动高凳、架子、爬梯时，不能碰撞石材完成面。如有必要在石材铺贴好的区域施工，高凳、架子、爬梯脚下必须安装橡皮垫等保护材料。

3.4 不锈钢饰面板

3.4.1 材料进场时、安装完成后均应对材料观感进行全数检查，施工单位和工程管理人员和监理公司须按户、按件做好相应记录。

3.4.2 不锈钢饰面板宜在墙面隐蔽及抹灰工程、吊顶工程已完成并验收后进行。

3.4.3 发现材料观感不符合要求时，必须及时更换。

3.4.4 材料安装完成后应清洁检查，当表面观感符合要求后，应重新贴膜保护，并应在膜层外附加厚度不低于 10 mm 的泡沫板进行保护。

3.5 装饰镜子

3.5.1 观感要求：

3.5.1.1 镜面应平整、洁净，表面无裂痕、划痕、气泡、夹渣，边角无缺损并应有磨边处理，镜面影像不变形、无晕眩、色泽一致。

3.5.1.2 镜背涂层不得有污染、缺损和划伤。

3.5.2 技术措施：

3.5.2.1 材料进场时应密封包装，镜面应用软膜保护。

3.5.2.2 材料安装完成后应清洁检查，当表面观感符合要求后，应在表面附加厚度不低于 10 mm 厚的泡沫板进行保护。

3.6 地砖铺贴

3.6.1 距离砖面 1m 处观察无剥边、落脏、釉泡、斑点、胚粉釉缕、桔釉、波纹、缺釉、棕眼、熔洞、烟熏、裂纹、图案缺陷和正面磕碰。

3.6.2 表面洁净、图案、色泽一致，符合设计要求。

3.6.3 地砖铺贴完成后先对表面进行清理和清洁，并检查观感质量，符合要求后采用泡沫质薄膜上铺软木层进行保护，保护应有防止正常走动时脱落的措施。

3.7 门套、门安装

3.7.1 门套安装完成后，采用透明塑料薄膜对表面进行包装保护。并制作木盒子保护，木盒子与塑料薄膜之间须粘贴发泡薄膜夹层。

3.7.2 进户门应在隐蔽工程、面层湿作业全部完成并经验收后进行，以防止对门体的损伤和污染。

3.7.3 户内门套应在隐蔽工程、湿作业、墙地面基层全部施工完成后方能施工，门扇应在其他施工基本完成、地板铺设前进行安装。

3.8 油漆涂饰

3.8.1 表面涂饰均匀、黏结牢固，表面应平整、洁净、色泽一致，不得漏涂、透底、划痕、污染、起皮、掉粉、砂眼、流坠、刷纹、咬色等。

3.8.2 材料进场、安装前后均应对面板表观质量进行全数检查，施工单位和工程管理人员和监理公司须按户、件做好相应记录。

3.9 洁具及配件

3.9.1 洁具设备安装完成后，所有进入该卫生间的施工人员需穿着干净的工作服，并除去身上所有硬质物件（除必要的工具外），另应更换软底拖鞋后方能进行施工。

3.9.2 洁具设备安装完成后，进入该卫生间施工所使用的工具应全部采用软质泡沫薄膜包裹工具手柄，并应携带软木或海绵板等材料衬于施工作业面下方，防止因工具突然脱手造成对其他完成品的损伤。

3.9.3 在洁具部位的上方进行施工时，洁具表面须有可靠的保护措施。

3.9.4 龙头等洁具配件安装完成并经验收合格后，应在龙头外利用出厂包装材料先进行第一道防护包装，然后采用塑料薄膜内衬海绵进行第二道防护包装，最后采用专用胶带进行紧固，但不得将胶带直接接触龙头表面。

3.9.5 组织措施：

3.9.5.1 设备开箱检查验收合格后，箱内所有书面资料和备品、备件须于当日送交建设单位，且须保证上述物件的完整和良好包装。

3.9.5.2 洁具设备安装前后均应对表面观感进行全数检查，施工单位和工程管理人员和监理公司须按户、件做好相应记录，不符合观感要求的必须全部予以更换。

3.9.5.3 洁具设备安装应在墙、顶、地面装饰和安装工程全部完成后进行。龙头安装应在洁具安装验收通过后进行。

3.9.5.4 洁具设备安装完成并经验收合格后，应立即安装卫生间门扇和锁具，并采取限入制度，任何施工人员未经装饰单位项目经理许可，一概不得入内。

3.10 厨房电器

3.10.1 观感要求：表面清洁、无划痕和斑点，并无任何其他损伤。

3.10.2 技术措施：

3.10.2.1 设备进场时应有完整、完好的包装，施工单位、工程管理人员和监理公司须按户、件做好相应记录。

3.10.2.2 设备应在安装完成并经验收合格后，采用柔性薄膜贴面包装保护（如设备本身已自带，则不需），在与物管交接验收前予以拆除和清理干净。

3.10.2.3 所有进行设备安装的施工人员须着干净的工作服，并除去身上所有硬质物件（除必要的工具外），另应更换软底拖鞋后方能进入户内施工。

3.10.3 组织措施：

3.10.3.1 设备开箱检查验收合格后，箱内所有书面资料和备品，须于当日送交建设单位，且须保证上述物件的完整和良好包装，并按户做好相应的标识。

3.10.3.2 设备安装前后均应对外观质量进行全数检查，施工单位和工程管理人员和监理公司须按户、件做好相应记录。

3.10.3.3 设备安装宜在装饰工程全部完工后进行。

3.10.3.4 设备进入户内搬运路线上应由装饰单位负责铺设防护临时地垫和墙面防护材料，保证墙地完成面不会因偶然碰撞导致损伤，施工单位应设专人看护。

3.10.3.5 原则上设备搬运至户内电梯厅前不得拆除原包装，如需拆除，必须征得工程管理人员、监理和建设单位的书面同意，并上报专门的防护技术组织措施方案。

3.11 灯具

3.11.1 灯具进场时应有完整完好的包装，包装应在施工前方能打开，项目部和工程管理人员和监理公司须按户、件做好相应记录。

3.11.2 安装人员应戴干净的棉质白手套，并将工具清洁后方能进行灯具安装。

3.11.3 灯具安装完成后应进行必要的防尘、防护处理。

3.11.4 设备开箱检查验收合格后，箱内所有书面资料和备品、备件须于当日送交建设单位，且须保证上述物件的完整和良好包装，并按户做好相应的标识。

3.12 开关面板

3.12.1 面板进场时应有完好的包装，包装在施工前方能打开，施工单位、工程管理人员和监理公司须按户、件做好相应记录。

3.12.2 安装人员应戴干净的棉质白手套，并将工具清洁后方能进行面板安装。

3.12.3 面板基座安装完成后应采用美纹纸等材料进行表面封闭，防止污染。

3.12.4 组织措施：

3.12.4.1 设备开箱检查验收合格后，箱内所有书面资料和备品、备件须于当日送交建设单位，且须保证上述物件的完整和良好包装，并按户做好相应的标识。

3.12.4.2 安装前后均应对表面观感进行全数检查，施工单位、工程管理人员和监理公司须按户、件做好相应记录，对未能达到要求的必须全部予以更换。

3.12.4.3 面板基座安装应在装饰工程基本完成、木地板和墙纸铺装前完成。

3.12.4.4 面板应在装饰工程全部施工完成后进行安装。

3.13 门锁和五金

3.13.1 观感要求：外观不应有破损、划痕、毛刺等可见观感缺陷。

3.13.2 技术措施：材料进场时应有软质材料的包装，安装完成后应用泡沫薄膜进行整体包装防护、胶带固定，但不允许胶带材料直接接触门锁、门体。

如按上述技术、组织措施要求实施，但在施工过程中因管理维护不善造成观感质量无法达到规范和业主要求的，一律予以返工或报废处理，费用由项目部承担。

步骤三　现场参观成品保护情况

1. 参观的目的

到装修施工现场直观地了解成品保护情况，为施工管理培养基本技能，逐步树立成品保护意识。

2. 组织参观的准备

（1）地点准备：通过校外实训基地联系 1~2 个分部工程或单位工程已经完工但还未验收的工地。

（2）时间准备：按照本课程教学标准要求和授课计划进度，适时组织参观。

3. 参观注意事项

（1）进入现场要听从统一安排和指挥，不能随意揭开保护成品的材料。

（2）了解被保护的工程项目及其保护做法，明确保护的具体作用。

（3）按规定时间运用所学成品保护知识，结合参观情况写成报告。

项目九　装饰工程施工流程

知识点：

装饰工程施工的基本流程；三种施工作业方式

技能点：

步骤一　了解装饰工程施工的基本流程

步骤二　综合运用三种施工作业方式

步骤三　编制六个项目的施工进度计划

任务导入：

假定某室内空间有六个装饰工程施工项目，如图9-1所示。

某室内空间装饰施工项目	
实木地板安装	天棚刷乳胶漆
室内水电安装	照明器具安装
石膏顶角线安装	墙体改造

图 9-1　六个施工项目

抛开工程量大小、其他施工项目、公装家装等因素不管，确定这六个施工项目的施工顺序。

任务分析：

若要按照现场实际需要安排六个项目的施工顺序，首先，必须对每个施工项目的施工工艺有所了解，这方面的知识和技能已在前面做过介绍；其次，需要对整个装饰工程的施工流程进行全方位的学习；再次，应适当了解装饰工程施工中的三种作业方式；最后才能从专业角度完成具有实用价值的六个项目的施工进度表。

任务实施：

步骤一　装饰工程施工的基本流程

1. 装饰工程施工“四大工种”

装饰工程施工涉及的工种比较多，但最主要的是水电工、泥工、木工、油漆工，装饰行业通常称其为“四大工种”。

（1）水电工：通常负责室内装修工程中的水电施工项目，包括强弱电、燃气、给排水等管道敷设、线路敷设。具体内容如画线、开槽、布管、穿管、埋管、埋暗盒、水压测试、线路测试、安装开关插座面板等。

（2）泥工：主要负责与水泥砂浆有关的装饰施工项目，包括楼地面、墙柱面、门窗洞口等部位的铺板、贴板、找平等。具体内容如铺地板砖（花岗岩等）、铺楼梯踏步、贴踢脚线、贴墙砖、挂板、包主排水管、砌橱柜（见图9-2）、地面找平、墙面找平、洞口找平等。

图 9-2　泥工砌橱柜柜体

（3）木工：一般负责利用木质原材料完成各种装饰施工项目，包括各种吊顶、隔断、背景墙及各种镶板类墙面、木门及门套、柜子及其他木制家具。具体内容参见本书项目四的相关介绍。

（4）油漆工：一般负责油漆涂料装饰施工项目，包括给木制家具及其他木制装饰制品刷木器漆（聚酯漆），为墙柱面和天棚面刮腻子、刷乳胶漆等。具体内容详见本书项目七中的有关介绍。涂料是个广义的概念，包括水性涂料，如内墙腻子和乳胶漆，也包括溶剂型涂料，如木器漆，即聚酯漆。

2. 装饰工程施工的作业面

作业面一般指工人施工操作的空间。家装尤其是套房的家装相对来说空间比较小，虽然有几个不同的小空间，如客厅、餐厅、厨房、卫生间、卧室等，但都在同一平面上，作业面比较小，而且工程量也比较小，如果不同工种、不同施工项目同时进场施工，可能会造成相互影响。

公装则不同，以一栋九层、建筑面积 24 000 m^2 的办公大楼室内装饰工程为例，其施工作业面有平面的（同一层不同空间），也有垂直的（九个楼层），作业面多而且工程量较大。为了充分利用作业面，不同层和同层的不同空间，有可能同时安排不同工种、不同施工项目进场施工，相互衔接，相互并不影响。

3. 装饰工程施工的基本流程

室内装饰工程的范围涉及每个房屋空间的六个界面及其相关的门窗等构件；涉及水电工、泥工、木工、油漆工等诸多工种的操作人员；涉及工程量大小不同的具体施工项目；涉及名目繁多的各类装饰材料，包括主材和配套的辅材及配件。因此，为保证工地各施工项目有序进行，必须遵循施工客观规律。不同的室内装饰工程其施工项目不尽相同，但一般而言，装饰工程施工的基本流程如图 9–3 所示。

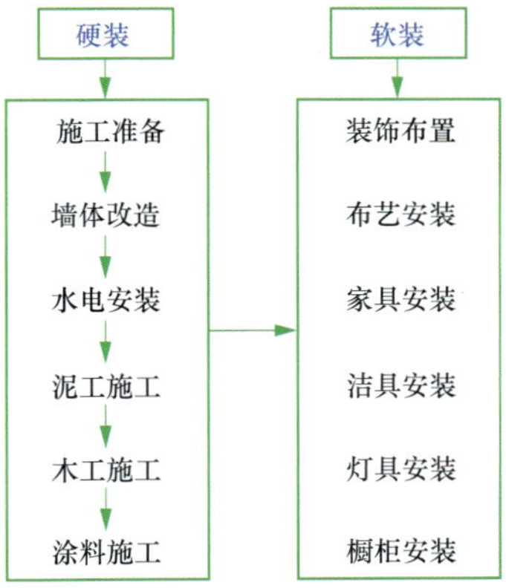

图 9–3　装饰工程施工流程

硬装必须遵守施工流程，硬装完成后的软装可结合现场情况依次或平行完成。

步骤二　三种施工作业方式

装饰工程施工项目有三种作业方式：依次作业、平行作业、流水作业。

1. 依次作业

各施工项目依次完成，总工期等于各施工项目工期之和。优点是施工项目、工种、材料和机具单一，基本上不需要施工管理员协调各工种和施工项目，施工管理比较简单。缺点是施工总工期最长，作业面闲置，如图 9–4 所示。

2. 平行作业

各施工项目同时进场，总工期等于各施工项目中工期最长的项目所需工期。优点是施工总工期最短，作业面利用最充分。缺点是施工项目繁多，工种、材料、机具超常集中，现场协调难度较大，施工管理工作繁重。虽说这是理论上的一种作业方式，但在时间和空间错开的安排下是可以实现的，如图 9–5 所示。

3. 流水作业

流水作业是利用时间差和空间的不同，既有依次作业，又有平行作业，两者相互交替，总工期等于各施工项目依次作业时间减去平行作业时间之差。优点是在尊重施工的客观规律的前提下尽可能利用作业面，缩短总工期，管理难度适中，兼顾了依次作业和平行作业的优点，是工程上普遍采用的作业方式，如图 9–6 所示。

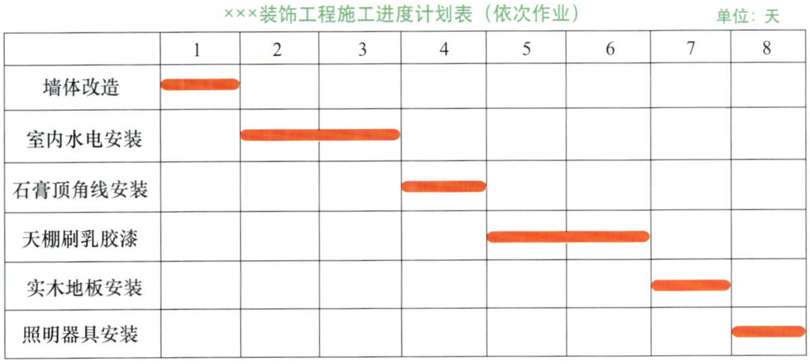

图 9–4　依次作业

图 9–5 平行作业

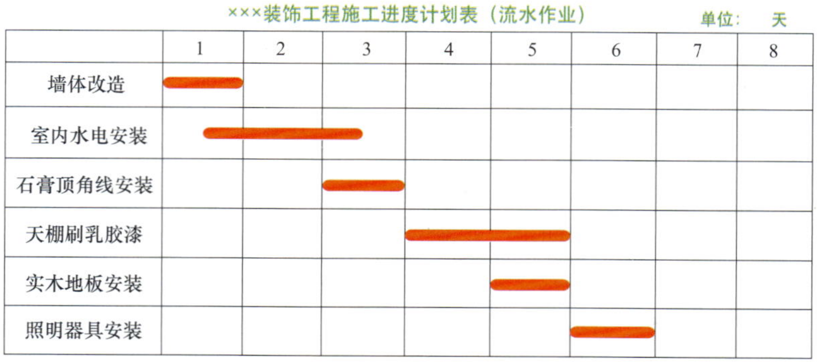

图 9–6 流水作业

步骤三 安排六个项目的施工进度

装饰工程施工流程是现场施工规律的综合体现，遵守施工流程有利于落实施工进度计划，按合同工期完成施工；有利于保证工程质量，避免因项目间相互冲突而出现质量问题，如图 9–7 所示；有利于确保施工安全，杜绝违反规程所带来的安全隐患；有利于控制施工成本，减少不必要的费用开支。

按照上述进度表中的项目顺序并采用流水作业方式编制进度计划，“单位”时间长短可根据实际需要加以确定。

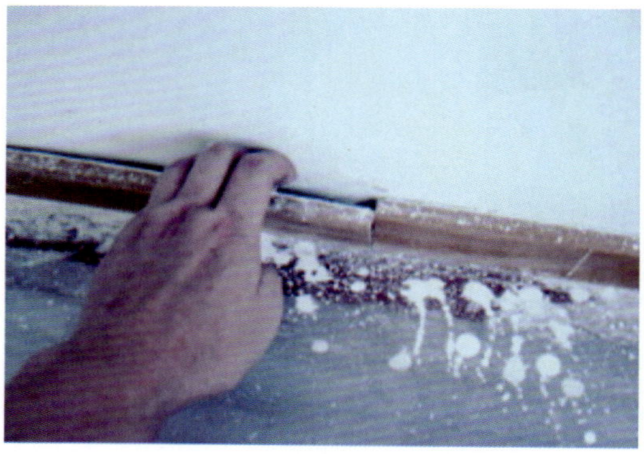

图 9–7 流程颠倒造成质量问题

参　考　文　献

[1] 兰海明. 建筑装饰施工技术. 修订版. 北京：中国建筑工业出版社，2018.

[2] 郝永池. 建筑装饰施工技术. 2版. 北京：清华大学出版社，2020.